标签与贴标技术丛书

数字标签与包装印刷

（第四版）

术语、技术、材料、管理与性能

Digital Label and Package Printing (4th)
Terminology, technology, materials, management and performance

[英] Michael Fairley　著

葛惊寰　田东文　顾　萍　王莎莎　译

中国轻工业出版社

图书在版编目（CIP）数据

数字标签与包装印刷：第四版 /（英）迈克·费尔利（Michael Fairley）著；葛惊寰等译. — 北京：中国轻工业出版社，2022.9

ISBN 978-7-5184-3857-0

Ⅰ . ①数… Ⅱ . ①迈… ②葛… Ⅲ . ①数字技术—应用—标签—印刷 ② 数字技术—应用—装潢包装印刷 Ⅳ . ① TS896-39 ② TS851-39

中国版本图书馆 CIP 数据核字（2022）第 005997 号

版权声明：

Digital Label and Package Printing (4th)

Terminology, technology, materials, management and performance

© 2019 Tarsus Exhibitions & Publishing Ltd.

This edition first published in China in 2022 by China Light Industry Press Ltd, Beijing.

责任编辑：杜宇芳　　　责任终审：李建华　　　整体设计：锋尚设计
策划编辑：杜宇芳　　　责任校对：吴大朋　　　责任监印：张　可

出版发行：中国轻工业出版社（北京东长安街6号，邮编：100740）

印　　刷：三河市国英印务有限公司

经　　销：各地新华书店

版　　次：2022年9月第1版第1次印刷

开　　本：710×1000　1/16　印张：15.25

字　　数：250千字

书　　号：ISBN 978-7-5184-3857-0　定价：78.00元

邮购电话：010-65241695

发行电话：010-85119835　传真：85113293

网　　址：http://www.chlip.com.cn

Email：club@chlip.com.cn

如发现图书残缺请与我社邮购联系调换

181249J2X101ZYW

标签与贴标技术丛书

编译委员会

主　译：孔玲君　顾　萍　葛惊寰

副主译：郝发义　王　丹　王莎莎

成　员：曹　前　田全慧　周颖梅　刘　艳

　　　　田东文　方恩印　崔庆斌

标签与贴标技术丛书，由上海出版印刷高等专科学校从英国塔苏斯集团引进。该丛书涵盖标签的历史、常规标签印刷工艺、标签设计和创意、标签供给与应用技术、标签装饰和特殊应用、收缩套标技术、模切与刀模、标签市场及应用、环保与可持续贴标、数字标签与包装印刷等标签行业的方方面面，是标签行业的一套百科全书。

由上海出版印刷高等专科学校首次推荐引进的三本教材分别为《收缩套标技术》《环保与可持续贴标》《数字标签与包装印刷》，将作为上海出版印刷高等专科学校与中国印刷及设备器材工业协会标签分会、英国塔苏斯集团共建的标签学院的培训教材。

收缩套标是基于薄膜材料的一种标签形式，具有高质量、防篡改、对复杂形状容器可全身装饰、印刷图文耐磨且防水等特性。我国对收缩套标的需求日益增长，但国内目前缺少一本专门介绍收缩套标技术的书籍。本套丛书中的《收缩套标技术》对收缩套标加工过程中所涉及的图形设计、薄膜基材特性、油墨性能、合掌工艺、套标在收缩烘道和收缩过程中的性能等作了全面介绍，并通过一个个翔实的案例指导读者如何解决日常生产中遇到的故障和问题，无论对收缩套标行业的薄膜与油墨供应商还是印刷加工商来说，都能提供非常有效的指导。

《环保与可持续贴标》为标签加工商和用户开展更环保的标签生产与应用提供指导，并结合案例为标签加工商介绍了具体的环境解决方案，引导标签行业朝着更加绿色环保和可持续方向发展。对于我国从事标签生产的加工商和从业人员来说，这是一本非常值得学习的参考书。对于服务于国际高端品牌商和从事海外业务的标签生产企业而言，这是全面了解国际加工业环保方面的相关法律、法规限制和具体实施要求的参考指南。

近年来，数字印刷在标签和包装领域的发展尤为迅猛，其市场占有量迅速提升。同时，数字印前、工艺流程及技术的自动化也得到长足的进步和发展。《数字标签与包装印刷》一书不仅介绍了数字印刷及印后加工的发展历程和市场应用、技术原理、印刷材料与印刷质量等普遍问题，还从数字印前策略、组合印刷方案，以及企业数字化工艺流程管理等多个方面展开分析和论述，为从事标签与包装行业中应用数字印刷技术的从业人员提供全方位的知识，也为希望向数字印刷领域转型的从业者提供参考。

　　本套丛书主要由上海出版印刷高等专科学校的教师完成翻译工作，希望能为我国标签行业的各类企业和从业人员提供有益的帮助和技术支持，共同推动我国标签行业向着绿色化、数字化、智能化、融合化的方向发展。

2020年11月

近年来，标签与包装印刷的数字化一直是行业的热门话题，许多传统的标签及包装印刷企业也在不断谋求数字化转型。在这一过程中，相关从业人员也希望更多地了解企业数字化转型过程中涉及的技术、设备、营销及管理等一系列专业性知识。

本书由标签学院创始人迈克尔·费尔利先生主编，他在深入调研数字印刷领域的基础上，凭借丰富的行业经验及对行业的深度理解，完成了本书的编写工作。本书不仅介绍了全球范围内数字标签与包装印刷的整体发展状况，也对目前主流的数字印刷技术、设备、工艺和材料等进行了较为全面的介绍；更难能可贵的是对标签及包装印刷企业数字化转型中面临的挑战做了较为详细的分析，指出企业转型需要投资的不仅仅是数字印刷设备，还涉及其他相关技术、生产和管理环节的数字化转型过程。

相信阅读本书能给大家带来的不仅仅是技术上的新认识，更是对企业数字化转型的更深刻理解，即："数字化意味着重新思考公司的业务和管理模式，以及如何营销您的产品与服务，而不仅仅是投资一台数字印刷设备那么简单。"

在翻译本书的过程中，译者虽然尽最大努力尊重原文，并尽可能避免直译产生的歧义，但难免存在翻译不当之处，敬请广大读者批评指正。

本书的出版得到了上海出版印刷高等专科学校和塔苏斯（上海）展览有限公司的大力支持；特别是塔苏斯中国区项目总监刘涛先生不遗余力支持本书的版权引进；上海出版印刷高等专科学校印刷包装工程系的田东文老师、顾萍主任和《贴标与标签》编辑王莎莎女士都在翻译及出版过程中做了大量工作，在此一并衷心感谢！

葛惊寰

2021.12

标签与贴标其他书籍：

标签技术百科全书
Michael Fairley

标签的历史
Michael Fairley & Tony White

品牌保护和安全印刷技术百科全书
Michael Fairley & Jeremy Plimmer

环保与可持续贴标
Michael Fairley & Danielle Jerschefske

常规标签印刷工艺
John Morton & Robert Shimmin

标签设计和创意
John Morton & Robert Shimmin

标签供给与应用技术
Michael Fairley

代码与编码技术
Michael Fairley

标签装饰和特殊应用
John Morton & Robert Shimmin

品牌保护，安全标签与包装
Jeremy Plimmer

模切与刀模
Michael Fairley

信息管理系统和自动化工作流程
Michael Fairley

收缩套标技术
Michael Fairley & Séamus Lafferty

标签市场及应用
John Penhallow

产品整饰技术
John Morton & Robert Shimmin

油墨，涂料和光油
Andy Thomas-Emans

软包装
Michael Fairley & Chris Ellison

本书第一版最早出版于2009年。彼时市场上仅有20来家数字标签印刷机生产商，全球范围内已安装并投产的数字标签印刷机也仅1000台出头，而且绝大部分是惠普HP Indigo和赛康的静电成像墨粉印刷机。

物换星移。截至本书编撰时，市场上已经有60多个不同品牌和型号的数字标签印刷机，而全球范围内装机量也达到4500多台，喷墨技术迅猛发展，市场占有量迅速提升，数字印前、工艺流程及技术自动化、数字精加工技术也得到长足的进步和发展，包括激光模切以及近年新流行的组合式改装，特别是先进的连线组合印刷生产方案。

除了不干胶标签，数字印刷还延展到收缩套标、绕贴标签、膜内标签以及热转印标签，还出现了高级大幅面（至B1和B2幅面）数字单张纸印刷机及卷筒纸印刷机，可用于折叠纸盒、软包装、样品袋、包装袋及复合软管的印刷生产。

在未来几年中，如果将数字印刷革命对标签的影响扩展到包装印刷领域，我们可以想象数字印刷技术和解决方案将在整个世界范围内再次得到巨大提升。

迈克·费尔利（Michael Fairley）

标签与贴标咨询公司总监

标签学院创始人

关于
作者

自19世纪70年代以来，Michael Fairley始终致力于引进并研究标签与包装行业的材料、技术及产品应用。他是《标签与贴标》杂志创始人，身兼数个其他印刷杂志公司职位，并作为国际顾问为弗若斯特沙利文（Frost & Sullivan）、经济学人智库（Economist Intelligence Unit，简称EIU）、Pira集团、InfoTrends以及《标签与贴标》杂志等撰写或提供标签行业市场分析及技术研究报告。

他是《标签技术百科全书》的作者，并合作编写了《品牌保护百科全书》，还是《包装技术百科全书》和《职业健康与安全百科全书》的特约作者。他还为《美国学术百科全书》的编写作出了杰出贡献。

目前他担任塔苏斯展览有限公司顾问一职，塔苏斯组织了一系列世界标签博览会、标签峰会，出版了《标签与贴标》杂志。他还定期参加各种业内研讨会、交流会等。

他是包装协会/包装印刷研究会会员、IP3会员（更名前为印刷协会）、英国出版同业公会成员、欧洲不干胶标签协会（FINAT）荣誉终身会员，并拥有英国伦敦城市行业协会职业资格证书。2009年，Michael Fairley被授予R.斯坦顿-艾利（R. Stanton Avery）终身成就奖。

Michael Fairley
标签与贴标咨询公司总监
标签学院创始人

特约撰稿人

为本书提供文字与插图的主要撰稿人按公司名称列表如下：

ABG International – Keith Montgomery

Avery Dennison – Kunhao Wang and Vladimir Tyulpin

Delta Industrial Services – Joel Oakes

Global Graphics Software – Martin Bailey

Domino Printing Sciences – Philip Easton

Durst Phototechnik – Helmuth Munter

EFI Jetrion – Jennifer Renner

Esko – Jan de Roeck

HP Indigo – Christian Menegon

Labels & Labelling Consultancy – Michael Fairley

Nilpeter A/S – Jakob Landberg

SMAG Graphique (SRAMAG sas) – Stéphane Rateau

Xeikon – Filip Weymans and Danny Mertens

致谢

　　第四版《数字标签与包装印刷》在2009年首刊版本以及后续版本的基础上进行了大规模的修订、改写和更新。第一版是参考2009年3月份巴塞罗那举办的数字标签峰会上主要发言人的报告、以及部分讨论组的行业分析和研究报告而撰写的。

　　自2009年之后，业内发生了翻天覆地的变化：印刷机生产商和供应商如雨后春笋般出现，数字标签印刷机的装机量更是翻了四倍，专门用于折叠纸盒和软包装印刷的新一代数字印刷机发布，喷墨印刷技术崛起，并且印前处理和印刷工艺流程也有巨大进步。在欧洲和美洲举办了数届标签博览会，从参展的数字印刷和印后加工商身上、以及设备供应商填写的技术调查问卷中，我们获得了大量的数字印刷知识，并了解到诸多先进的印后加工技术。

　　修订本书期间，我们根据前两版内容，重新浏览回顾了原撰稿人的稿件，请他们更新了信息内容，并走访了众多业内主要及新兴供应商重新进行调研，参加各种业内学术交流会及研讨会，分析世界标签博览会中的数字印刷机展商，对数码技术进行深度学习和研究，并举办了一系列数字技术大师班和讲习班。同时，我们还走访了惠普（HP）集团、以色列兰达（Landa）和海科（Highcon）公司、比利时赛康（Xeikon）和Reynders公司，意大利道斯特（Durst）和欧米特（Omet）公司以及英国多米诺（Domino）印刷技术集团。这本书汇总了上述所有信息和研究报告之精华。在此，对上述期间给予我们支持和鼓励、提供给我们行业和产品信息并为我们答疑的所有人表示衷心的感谢。

　　另外还需特别感谢以下人员帮忙提供并校验各种印刷技术材料：惠普Indigo公司Christian Menegon（液体墨粉），赛康公司Filip Weymans（干墨粉）。艾司科（Esko）公司Jan De Roeck更新并校对了印前章节；艾利丹尼森公司的Kunhao Wang提供了承印材料一章的原稿，现经该公司Vladimir Tyulpin进行了更新。多米诺公司的Philip Easton提供了喷墨分辨率、灰阶以及加网线数等最新信息。Global Graphics Software公司的Martin Bailey增加了数字前端（DFE）、光栅图像处理器（RIP）以及图像质量等方面的信息；香港ABG国际公司的Keith Montgomery和Matthew Burton协助更新了印后加工章节。本书的顺利更新与出版少不了上述公司和人员的辛勤努力与友好援助。

目录

第 1 章

数字标签与包装印刷——技术演变与发展趋势

发展机遇

投资机遇和业绩增长点在哪里

色数字印刷机

品牌商的认可

什么是数字印刷

字印刷机被广泛接受

自世界首台彩色数字标签印刷机亮相于印刷展会，业内造成轰动并引发人们探索未来技术发展的巨大兴趣，至今已有25年。今天，整个标签业几乎已经离不开数字印刷，而数字印刷方案在更广阔的包装印刷领域的发展潜力，也终于吸引越来越多的人开始广泛关注。

早在20世纪90年代中期彩色数字印刷冲击市场之前，标签的数字印刷技术就已存在。采用喷墨技术打印地址标签，最早可以追溯到20世纪70年代。而在20世纪80年代早期及中期已有一些公司开始采用黑白色或专色数字印刷标签、门票或吊牌，例如Delphax System，他是一家由艾利丹尼森集团（丹尼森制造公司的前身）和加拿大开发集团在1980年成立的合资企业。

瑞士的GMC软件科技公司（GMC Digital Systems）也在开发数字标签和文档印刷方案。另外，施乐、佳能、尼普森等其他数字文档印刷设备厂家也发现了地址和邮件标签印刷在商业模式方面的应用商机。这些公司采用的都是单色干墨粉数字印刷技术。

20世纪70年代晚期、80年代以及90年代早期，新兴的喷墨印刷公司逐步发展起来。一系列工业喷墨公司从剑桥咨询有限公司（Cambridge Consultants）衍生出来，并集中在剑桥周边发展，例如赛尔（Xaar）、Inca Digital、多米诺（Domino）、爱普生（Epson）、丹纳赫（Danaher，包括Videojet，Elmjet，Willett），Linx，Generics，TTP以及Xennia公司等。上述早期喷墨打印公司中，Elmjet公司致力于二进制阵列的研发，他们采用数百个喷头代替单个喷头，使墨滴极速喷出，形成一面墨滴幕布。

后来，赛尔公司（Xaar）开发出按需（Drop-on-Demand，DOD）喷墨技术，即墨水仅在需要时喷出。于是众多企业在20世纪80年代展开各种市场调研项目，探索数字喷墨印刷技术的新应用领域，比如印刷"有效日期"、条形码、可变数据文档、服装标签，并开始研究贴标生产线上的附加印刷单元。

近年来喷墨技术再创辉煌，例如Memjet单路热敏打印头，目前已被众多厂商用来生产入门级标签及包装印刷机，还有Mouvent喷墨印刷机，稍后详述。

1.1 首批彩色数字印刷机装机

采用墨粉（干墨粉及液体墨粉）技术的彩色按需印刷（Print-on-demand，POD）数字标签印刷机首次进入标签行业是在20多年以前。这种彩色墨粉数字印刷机，包括液体墨粉和干墨粉，首次装机出现在20世纪90年代中期。从1996年至1999年间，这些新型设备的装机量开始以每年30～50台的增速上升。

最初装机的彩色数字印刷机，主要是第1代赛康和Indigo Omnius（即如今的HP Indigo），以及通过纽博泰（Nilpeter）、捷拉斯（Gallus）、爱克发（Agfa）公司售出的这些设备的改装机型。总的来讲，早期的彩色数字印刷机获得市场接受和认可的速度相对较慢。但话虽如此，截至2002年年底，全球范围内彩色墨粉数字印刷机的装机量也将近182台。

接下来数字墨粉技术进入一个发展断层，在此期间，赛康公司经历了一段不稳定发展期，后来被Punch Graphics集团收购，而Indigo也被惠普（Hewlett Packard，HP）收入囊中。这段时间整个市场很少出现真正的产品创新，而因为销量的锐减，技术几乎停滞不前；而且有些产品性能和技术障碍方面的问题还有待解决。这期间彩色数字标签印刷机的整体增长与20世纪90年代晚期的市场预测相差甚远。

但总体上，数字印刷技术还是有进展的。2002年的世界标签博览会（Labelexpo）上，出现了Chromas Argio单色喷墨系统，该设备由Digital Label

Alliance集团研发，可采用UV喷墨技术打印标签，分辨率达600dpi。麦安迪公司也展示了DT2200印刷机，该设备融合了六色数字喷墨和柔版印刷技术，并采用Dot.Factory的单通道彩色喷墨装置（SinglePass Inkjet Colour Engine，SPICE）和赛尔（Xaar）的喷墨头。很多标签印厂初期都安装了Argio和SPICE机型。

在2003—2004年间，惠普和赛康公司分别开始研究第二代彩色墨粉数字技术，自此数字印刷机的销量开始突飞猛进地增长起来。实际上，从按需彩色数字标签印刷机的发展史来看，2005年是公认的具有里程碑意义的一年。只2005年一年，新一代标签印刷机的装机量就达到145台，相当于窄幅轮转标签印刷机新机装机量的10%；这一年，超过45亿张标签通过数字印刷方式生产，而惠普Indigo印刷机2005年的标签生产量比2004年增长了137%。

根据《标签与贴标》杂志和Info Trends研究报告，我们汇总了自1996年至2005年年底10年间彩色静电成像（液体墨粉和干墨粉）数字标签印刷机的装机量增长情况，详见图1-1。其中，装机量的三分之二是惠普品牌，其余三分之一主要是墨粉印刷机。这段时期，惠普和赛康横扫了数字标签印刷机市场（目前仍是）；而喷墨印刷到现在才开始被人们广泛接受，喷墨技术的增长潜能也渐渐凸显出来。

2006年左右，其他品牌的新型印刷机相继进入市场。2008—2009年，惠普和赛康也向标签市场推出了其他新款机型。新一代喷墨印刷设备性能更

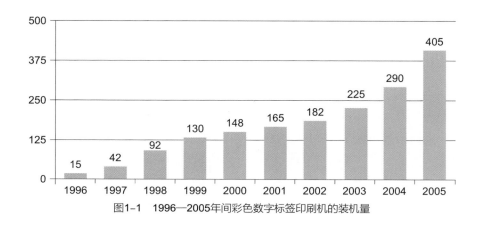

图1-1　1996—2005年间彩色数字标签印刷机的装机量

优，且融合了传统和数字技术，例如EFI Jetrion，德国亚特兰蔡瑟（Atlantic Zeiser），纽博泰（Nilpeter）/卡西龙（Caslon），Impika Solutions，Solar Jet，荷兰施托克（Stork Prints），柯尼卡美能达（Konica Minolta），日本Mimaki工程以及英国Xennia公司等都在2009年年底之前进入标签印刷市场。2009年，Durst和多米诺——如今喷墨行业两大巨头，也进入UV喷墨标签印刷机市场。

1.2　数量增长

此后，市场上按需印刷彩色数字印刷机的数量和装机量出现大幅上涨，数字印刷的标签产量和销售额在过去的10年左右也出现了戏剧性增长。由于标签尺寸不同以及其他因素，很难准确计算出标签的准确产值和产量。但据估计，仅2019年数字印刷的承印材料就达17.5亿m^2。

这是相当可观的数量，而且四分之三的彩色数字标签印刷采用的是不干胶材料，其余则被用于软包装、折叠纸盒等其他非标签应用领域。截至2019年年底，标签与非标签应用领域全部加起来，数字印刷销量估计可达到80亿美元。

1.3　彩色数字印刷机被广泛接受

那么人们为什么转而开始接受彩色数字标签印刷机了呢？不仅因为数字标签印刷机性能更可靠、运行更快、印刷幅面更宽，可以满足大部分终端客户和品牌机构对印刷品质的需求，还因为它在数字设计、创意、工艺美术领域以及数字标签印前阶段的优势，色彩管理和前端技术更强大，能更好地管理标签印刷厂的数字印刷生产和工艺流程，采用更先进的精加工设备，有更多的印后加工选项（冷/热烫印、压凹凸、覆膜等），近年来更是出现了组合型印刷机……所有这些因素综合起来使得数字标签印刷飞速向前发展并进入更多新兴应用领域。与此同时，包装印刷工艺也开始起步。

　　彩色数字印刷设备在发展初期（20世纪90年代至21世纪早期）遇到的问题早已得到解决，例如印厂产品再现和品牌色彩的一致性，油墨和底涂剂抽样检测结果的稳定性，以及初成品标签的成本问题等。毫无疑问，正是惠普和Punch Graphix/赛康在2003—2012年间推出的新款墨粉印刷机，以及多米诺、道斯特、EFI等几大主流厂家开始引进并越来越广泛地使用UV喷墨技术，对市场初步接受数字标签印刷机产生了深远的影响。

　　最新一代按需印刷彩色数字标签和包装印刷机无疑被更多地应用于传统工业印刷领域，而非像早几代的数字打印机一样仅用于办公室打印；相对使用柔版印刷、UV柔印、胶印或凸版印刷的传统标签印刷设备，这些新款机型印刷速度更快、性能更稳定、产量更大、盈亏平衡点更高。如今，这些机型的产能已经被全球成千上万的终端用户所接受，应用领域各不相同，订单印量的跨度范围也很宽。1996—2019年间彩色数字标签印刷机估计总装机量见图1-2。

　　另外，加工商越来越明白如何将数字印刷融入到柔印或传统印刷；如何

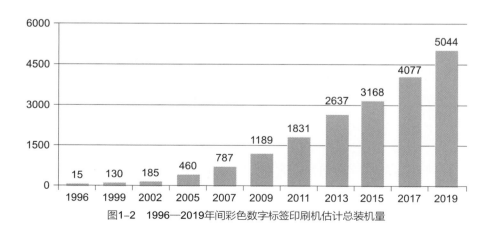

图1-2　1996—2019年间彩色数字标签印刷机估计总装机量

满足客户在个性化、随机编码、产品差异化、多样化或品牌保护等方面层出不穷且千变万化的需求；也越来越清楚为客户提供数字印刷解决方案将成为新的利润增长点。人们很快意识到数字标签印刷与柔印/UV柔印机并驾齐驱，成为市场主流印刷工艺的原因。

将传统印刷与数字印刷集成到更高端复杂的组合印刷生产线内，加之各种印后加工方案包括高级激光模切、压凹凸、冷烫金等，结合两种技术优势为客户提供新型的、以前不曾梦想过的高附加值品牌标签和包装，也是在创造新的商机。虽然过去两三年内这种新式混合型印刷机销量相对不大，但预计到2020年以后，它们会促进数字印刷更普遍地被用于软包装和纸箱生产。

在现有柔版印刷机上增加CMYK或CMYK+白色喷墨打印单元并进行改造，也为小企业进入数字印刷市场，用相对较低成本投资新业务领域打开了一扇大门。目前市场上也出现了众多入门级的数字标签印刷机。

1.4　彩色数字印刷机发展现状

那么彩色数字标签打印机如今的发展状况如何呢？在过去的5年内，每年六七百台窄幅轮转数字标签印刷机新机在全球各地的标签（现在还有包装印刷）工厂安装投产。截至2018年年底，全球范围内有4000多台数字标签印刷机装机（预计到2019年年底将超过5000台），每年数字标签生产量超过100亿张。预计数字标签印刷机和组合型印刷机的装机量仍将快速增加，未来4～5年内装机量将超过6000台。

过去10年内，惠普和Punch Graphix/赛康（目前是富林特集团下属企业）发布的新款数字墨粉印刷机着眼于墨粉技术的更新、打印幅面更宽、印刷速度更快，现在已接近并足以媲美传统印刷机的生产速度和性能，而且在印刷中长版标签及包装印刷活件时更有优势。

　　然而大型数字印刷机只是数字标签印刷发展历程中的一方面，一些小型入门级和改装印刷机的上市（也有些退市了）也受到广泛瞩目，比如Primera、Colordyne、iSys Label、Oki Data、Allen Datagraphic Systems、Memjet以及VIPcolor等公司生产的印刷机采用了喷墨和静电成像技术。

　　此外，近年来国际标签展（Labelexpo）和德鲁巴印刷展上，道斯特（Durst）、多米诺、爱普生、斯托克（Stork Prints）、Epson SurePress、兰达等公司推出了新款快速窄/中幅彩色喷墨印刷机，包括UV喷墨和纳米图像印刷机，并且很难有加工商能够忽视这一工艺几年后的发展势头。实际上不论哪种形式的数字标签印刷机，全球各地都有标签商在广泛使用，而数字包装印刷似乎也开始向更宽幅面（B1）、更高速度等方向发展。海德堡、Uteco、KBA、兰达、惠普及其他厂家生产的单张和卷筒数码混合印刷机也进入市场。

　　目前全球按需印刷彩色数字标签印刷机全部加起来，已经占所有新增数字标签印刷机装机量的三分之一以上，而1996年这一比例仅有1%。根据2017年FINAT RADAR研究报告显示，在欧洲，新增彩色数字标签印刷机的装机量与新增传统标签印刷机的装机量也旗鼓相当。

　　从国际标签展召开之前，由InfoTrends等机构所做的近期市场调查和研究报告中可以看到，整个全球市场已在大规模使用，或开始使用数字标签印刷，并将其作为公司未来规划的重要一环。目前欧洲（以及中东和非洲）是领头军，占全部装机量的近一半，之后是北美以及整个亚太地区，包括中国、印度、东南亚、澳洲以及新西兰也已开始投资数字印刷技术。各地区市场份额比重如图1-3所示。

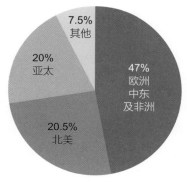

图1-3　截至2018年年底全球各关键经济区域已安装数字标签印刷机的比例

1.5　品牌商的认可

品牌商对数字标签印刷在其业务经营管理中作用的认可，或许已经成为数字标签印刷快速发展的关键。如果你问品牌商真正想从他们标签供应商那里得到什么，你会收到一些有趣的回应：更多版本选择和品牌差异、更具个性化、更多产品差异性、独特识别性、更快进入市场、更短交货时间、更快应变速度、降低精准库存以及改进供应链管理等。

即使那些在数字标签印刷行业小有所成的加工商或其客户，也会认为数字印刷可以完成传统印刷无法轻易完成的所有任务，或许有这种想法也不稀奇。不论采用哪种印刷技术，只要能提供解决方案、超额完成业绩目标、降低供应链成本并为企业开拓新商机，无疑都是成功的。这些要求数字印刷都能做到，因此自然会蓬勃发展，尤其是有些大品牌商声明今后只跟同时具备传统印刷和数字印刷能力的标签加工商合作后。

那么数字标签印刷目前主要集中在哪些市场领域呢？包括黑白色、专色以及全彩色数字或扩展色域（CMYK+OGV+白色）。实际上市场跨度很广。目前，各种数字印刷标签被终端客户广泛应用于各个领域。从历史角度看，标签加工增长最快的主要标签领域，包括食品、酒水饮料、健康和美容等。但根据FINAT RADAR上期研究报告显示，像汽车、耐用消费品及工业化学品领域也出现了强势增长。总的来说，彩色数字标签和印刷的应用领域主要集中在：

①酒水和饮料

②医药

③维生素

④食品

⑤卫生、美容与保健

⑥工业标签

⑦汽车标签

⑧涂料、油墨与化工

⑨耐用消费品

⑩不干胶快递单

通常，很多数字印刷作业涉及到很多不同设计方案和改稿，可能需要变更语言、承印在各种不同的容器上或包装尺寸不等、需要批量印刷或可变数据长版印刷等。结果就是数字印刷体量在标签市场所占份额持续上升，其价值也快速增长。

数字化也在试图融入设备管理应用，并服务于同时需要柔印和数字印刷的客户。尤其是喷墨技术，如今也在努力提高其在工业标贴领域的作业水平，并向铝箔泡罩包装印刷方面发展。越来越多的标签加工商发现投资数字印刷对其未来业绩增长具有关键性作用，因此很多厂商现在就开始采购第二台、第三台、第四台乃至更多的数字标签印刷机。

1.6 发展机遇

我们的观点在《标签与贴标》杂志和国际标签展览集团（Labelexpo Group）发布的标签行业调查报告中得到了证实，该报告由英国Info Trends、FINAT等咨询公司联合研究发表。其中一个向全球加工商都提到的问题是：你觉得未来几年主要的投资机遇和业绩增长点在哪里？调查结果请参考图1-4。

如图1-4所示，北美和欧洲的加工商仍然看好数字印刷投资的增长机会，而新兴市场例如印度、中国和拉丁美洲等则在他们的投资意向中排名靠后。有趣的是，近期的国际标签展显示，中国和印度似乎对喷墨和组合印刷技术的潜力和商机表现出浓厚兴趣，尤其是整个工业标贴领域，且这些技术比墨粉技术在新兴市场的成长性更佳。

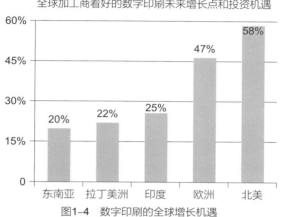

图1-4　数字印刷的全球增长机遇

除了标签，德鲁巴印刷展上发布了更适合B1幅面纸箱印刷以及更宽幅面软包装印刷的数字印刷机，并且这些机型在2015/2016年一登陆市场就对包装印刷界产生了重大影响。兰达（Landa）公司不断向市场推出各种包装印刷设备，新推出的纳米图像印刷机已形成市场规模。虽然这款设备的潜力仍需时间挖掘，但兰达的装机量始终在增长。

惠普和赛康公司也对包装印刷市场表现出极大兴趣且产品销量一直不错，并在德鲁巴印刷展和国际标签印刷展（Labelexpo）上展示并发布了各自的最新款数字包装印刷机；而海德堡、KBA、Uteco和柯达也携各自的大型数字组合印刷方案进入数字包装印刷市场。

这些公司包括产业链上的其他供应商，一致认为数字印刷折叠纸盒、软包装以及瓦楞纸箱的未来市场潜力明显比标签市场更大，长期来看，数字印刷在这些领域的增长潜力预计比标签方面更高。

基本可以肯定，数字印刷将继续对标签和包装印刷业的未来发展产生重大影响，北美和欧洲似乎也仍将继续引领数字化方案的未来投资，但中国和印度也在大踏步努力赶超。

然而，数字印刷的确需要采取与传统标签和包装印刷不同的销售策略。时至今日，数字印刷成功的关键似乎更在于印刷商/加工商能随时随地与品牌经理或产品经理直接沟通，而非标签买家。应将它可以提高印刷图像质量和品牌资质作为重点进行营销，使其因印品质量、增值价值和服务而畅销，而不是采用与其他印刷工艺的对比进行推销。这一点在稍后章节中将详细叙述。

有趣的是，很多数字标签印刷商并不直接告诉他们客户某个作业已经可以采用数字化方式印刷，或者他们将所有作业都分别用数字印刷和传统印刷方式进行报价，然后让客户根据印刷质量和价格进行挑选。渐渐地，数字印刷成为赢家。

如今，数字标签印刷已然成为人们公认的优质标签印刷工艺之一。在未来标签行业内，它将继续扮演重要角色，却不会取代其他印刷工艺——各工艺自有用途。但是在其他技术奋力挣扎力求脱颖而出时，数字标签印刷已经可以提供盈利性更好的方案，为客户带来更高的投资回报。

如果包装印刷业现在就引进并使用最新款包装印刷专用的单张和窄幅轮转印刷机，如同过去十几年标签业对数字标签印刷机的投资那样（如今投资仍在快速增加），那么在接下来几年内，将新增6000多台按需印刷彩色数字印刷机装机并用于标签（包括不干胶标签、热转印标签、模内标签以及湿胶标签）、折叠纸盒、软包装、收缩套标、软管、泡罩包装和包装袋等的印刷和生产。

毫无疑问，数字印刷将给行业一个崭新的未来。

第 2 章

数字标签与包装印刷——技术、成像与术语

什么是成像技术？

制定投资决策

数字成像关键点

数字前端

色彩管理

数字成像工艺

数字印刷技术

> 跟其他印刷工艺一样，不论是静电成像电子油墨、干墨粉或喷墨技术的数字印刷，都要求用户对印刷机成像技术和印刷工艺有所了解，包括图像如何转印到承印材料上，以及用到的某个术语的含义等。

本书主要针对主流消费品标签和包装印刷市场、以及近年来日益成长的工业标签市场、折叠纸盒及软包装（例如包/袋、盖等）印刷应用介绍单机式按需印刷（POD）彩色印刷技术及数字印刷设备。总体来讲，按需印刷彩色数字印刷机在全球标签印刷市场的装机量和市场份额始终保持稳定上升趋势，但与此同时市场规模增长得更快。

原因很简单，按需印刷彩色数字标签印刷机已经成为目前公认的最成功的数字标签印刷机，且盈利性（找准市场和应用领域）比传统标签印刷机更佳。预计接下来5年左右，按需印刷彩色数字包装印刷机的装机量和市场规模也能增长到相同水平。

从市场接受度来讲，目前彩色数字印刷机的市场装机量已蔚为可观（全球仅标签行业如今就远不止4500台），并且大量历史数据印证了数字印刷技术所达到的生产性能水平和终端用户的接受度。那么，数字印刷技术究竟如何呢？

2.1 数字印刷技术

标签和包装印刷所采用的数字化技术主要有两种：静电成像技术和喷墨印刷技术。

静电成像技术又可以分为采用液体墨粉/电子油墨和采用干墨粉印刷图像的两种数字印刷技术。两种墨粉技术示例如下：

①静电成像（EP）液体墨粉（HP Indigo电子油墨）

②静电成像干墨粉（赛康）

上述这两家公司在很长一段时间里统治着静电成像（墨粉）市场，准确地说，是统治着整个全球数字标签印刷市场。

同样，喷墨印刷大致也可以分为采用UV固化油墨、水性或染料型油墨几种。不同喷墨技术举例如下：

①UV喷墨（例如：Domino，Durst）

②水性喷墨（Epson，Kodak，Memjet）

③染料型喷墨（Swiftcolor）

截至本书编撰时，全球已安装的、用来印刷优质标签的三分之二的数字印刷机都是采用静电成像电子油墨或干墨粉技术，但过去几年对于喷墨技术的推动也很大；目前仅标签市场就有约30家喷墨标签印刷机生产商，尤其是UV喷墨印刷机生产商。预计目前UV喷墨印刷机的装机量占全球喷墨印刷机总装机量的75%。

最新数据显示，新机装机量方面喷墨印刷机占欧洲售出的所有数字印刷机的近50%，虽然世界其他地方比例并没有这么高。喷墨印刷机在标签和包装印刷机总装机量中所占市场份额持续稳定上升，并仍将快速成长，但短期内仍盖不过静电成像墨粉印刷机的风头，预计它想要达到静电成像印刷机总装机量的水平还要再过5年或更久。

2.2　数字印刷机的可扩展性

在当前各种数字印刷技术中，喷墨技术流行的基本要素之一就是它更具有可扩展性，且就长期来看运行成本可能更低。从本质上，即机械和物理角度来讲，它只是一种单纯的技术，倒不需要所有人都能接受。同样，喷墨的化学特性可能会提高印刷速度（水性油墨高达300m/min，UV印刷机最快120m/min），从而更容易生产组合产品，比如，可以用模拟（柔版）和数字化方式同时印刷的组合型印刷设备。不论水性还是UV喷墨印刷机通常都比墨粉印刷机速度更快。

这是大多数领先的传统印刷机厂家采用的方法，例如，与数字合作伙伴共同开发组合印刷技术。更多组合印刷和组合型印刷机的信息将在第7章详细讲述。

静电成像可以是单通路、全轮转（例如赛康），也可以是多通路（例如惠普，但HP只是将其作为连续生产系统使用）。喷墨印刷就是连续生产系统。静电成像可以采用电子油墨（液体墨粉）或干墨粉，喷墨印刷可以用UV、水、溶剂、染料或LED油墨（UV主要用于优质标签市场）。目前，静电成像和喷墨印刷机运行起来速度和产量相差不大，但喷墨可以更快，这一点可以从一些最新发布的印刷机上看出。

喷墨技术最有趣的特征是之前提到的可扩展性。可扩展性，从字面意思就看得出，你可以仅使用同样的技术也可以对其进行扩展（比如集成装订钉头），还可降低速度。喷墨单元可设计制造成模块式，尤其是加工商欲将喷墨打印单元内置或安装在传统模拟印刷机上的情况下。因此可扩展性是喷墨技术在未来站稳脚跟的保证。

话虽如此，墨粉系统基本都具备可以拓宽幅面这一优势；18in（1in=2.54cm）以下幅宽的墨粉设备成本相对不高，但同幅宽的喷墨设备就贵得多了（需更多打印喷头）。然而，考虑到标签或软包装印刷的短版应用，不由得让人怀疑：印刷商/加工商真的需要更宽方案吗？怎么给短版印刷制定更宽方案？技术配型方面需要着重考量。

不论是传统还是激光模切加工（详见第6章和第7章），对于任何想投资数字印刷的标签（以及折叠纸盒）加工商来讲都是重中之重。另外，墨粉还需要控制使用的温度和湿度，以免时间久了产生色偏。

2.3　投资数字技术

那么，按需印刷彩色数字标签印刷机在标签和包装印刷行业发展现状如何？截至2018年年底，估计全球标签行业数字印刷机装机量约为4500台，其中近三分之二是惠普或赛康的静电成像电子油墨或干墨粉印刷机。

喷墨印刷机在市场份额中相对较小，但业内领先的几家喷墨印刷机生产商无疑已经在加班加点扩大生产和销量，特别是在欧洲。从2018年欧洲销售数据来看，喷墨印刷机的销量跟墨粉印刷机已经旗鼓相当，数字印刷机整体销量与传统印刷机也相差不大。

预计到2019年年底以及未来几年，静电成像墨粉技术仍是新机安装的主流工艺，但喷墨技术市场占有量也在上升。然而相对传统印刷机的全球装机量，数字印刷机仍然只占较小部分。

预计到2019年年底，全球范围内标签印刷总装机量将达到2000台左右，其中数字标签印刷机将占到近40%。但这个数据并不包括数字/传统混合型印刷机。与传统印刷机相比，数字印刷机装机量变化详见图2-1。

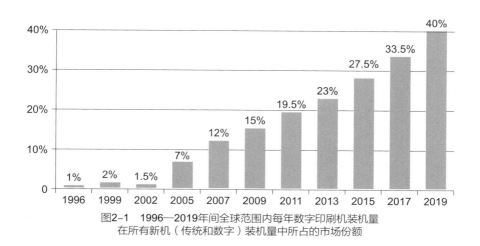

图2-1　1996—2019年间全球范围内每年数字印刷机装机量
在所有新机（传统和数字）装机量中所占的市场份额

目前，包装印刷方面数字印刷机装机量不会超过全部新机装机量的1%或2%。预计今后几年这一比例会有所改变，因为惠普、赛康、海德堡、兰达、高宝、柯达、Uteco以及其他品牌的数字包装印刷机和新一代大幅面和/或组合型印刷机在2016年年底已纷纷进入市场。

可以确定的是，经过多年的市场开拓，静电成像印刷机已积累了相当可观的装机量，并且还在向更高目标迈进。目前喷墨印刷机装机量仍是相对小，但标签和印刷行业未来几年将对喷墨技术越来越重视。实际上，墨粉和喷墨技术在未来优势上仍需着重探讨，以充分反映各自等效成本计算结果。有些墨粉设备可以按点击量收费，而喷墨设备一般不行。从长期经济学角度看数字印刷，这一点将和生产速度、油墨及墨粉成本、图像分辨率等一样变得越来越重要。

以前，标签和包装印刷业客户仅需要查看几家数字标签印刷机生产商/供应商；如今，要投资按需印刷彩色数字印刷机，标签、纸箱或软包装方面的客户需要详细比较数十家乃至更多的供应商和产品，还要看15家左右的组合型印刷方案的可行性和潜能，以及几家改装组合型印刷机是否适用。

标签加工商或包装印刷商面临的巨大挑战就是，如何从品牌和型号、工艺、印刷输入、前端、分辨率等方面更有意义地比较按需喷墨数字标签、包装印刷机以及组合印刷机，我们先从数字成像工艺开始。

2.4 数字成像工艺

为了帮助标签和包装印刷商更好地认识数字成像和印刷工艺，必须了解几个关键要素以使比较更具客观性。首先是数字标签印刷机的运行方式，然后是运行的几个关键区域，详见图2-2。该图表以及以下几个技术细节解读以赛康纸张印刷机为原型，印刷材料由多米诺专门准备，文本和图像由

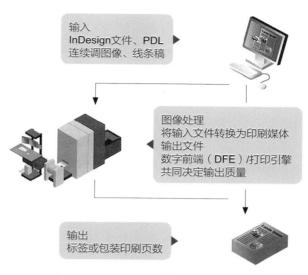

图2-2　数字成像工艺示例（赛康友情提供）

Global Graphics Software（Harlequin RIP系统开发商）提供。

如图2-2所示，数字印刷工艺主要分三道工序：输入、图像处理和输出。简单介绍如下：

2.4.1 输入

这是标签和包装设计制作的排版页面，类似Adobe Indesign软件，由图像（连续调）、文本和图形（线条）等构成。该页面或标签/包装设计页面通常单独配置，一般是个指令文件，用矢量图、文本、字体来描述所需图形，用页面描述语言指定各个页面布局参数来描述图像，简单来讲，就是使用计算机算法生成一段数字化编码描述，创建、处理、传达并显示需要印刷的数字图像。但这个指令文件需要转换或处理成数字印刷设备能识别的格式。

2.4.2 成像工艺

　　数字印刷一般印刷的是相连的点线。连续调图像或线条未转化成一系列的点是无法印刷的。这一步通常由光栅图像处理器（RIP）、接受打印文件的数字前端组件完成，通常是PDF或PostScript文件，可以解读页面描述语言中的指令并翻译成位图，即实际点阵图，每种印刷色对应一个位图，然后使用打印引擎（墨粉或喷墨）将内容转印到承印材料上。

　　如今，几乎所有图像处理包括缩放、剪裁、分色以及陷印都可以留给RIP处理。实质上已经有很多PDF桌面工作流程在运行和使用了，桌面软件提供的实际上是参数命令以及数据流，所有作业均可在最后阶段由RIP完成。

　　通常，位图上每个点中的各个原色都为8位。这种位图文件中所含信息量通常很大，大到印刷工艺无法处理。这就需要降成"半色调"再印刷该位图的原因。半色调或加网都是将含有多位原色的位图转化成每种颜色含更少位数位图的工艺。然后，打印引擎就可以印刷这种"重新采样"的位图了，详见图2-3。

图2-3　从左到右：灰色背景下字母A显示为矢量（常规输入文件），8位未加网栅格图像（其中显示了像素大小）和1位加网栅格图像（采用喷墨印刷机常用的扩散加网）（图片由Global Graphics Software友情提供）

2.4.3 输出

　　这是打印引擎对电子原稿（输入）的再现。图像输出的质量受数字前端和打印引擎组合效果的影响。虽然根据这些设计参数或组件规格自己并不能定义感知（图像）质量的水准，但会对最终输出质量有直接影响，因此可以通过控制这些因素最大限度提高图像的质量。

2.4.4 数字前端

数字前端是硬件和软件的组合，包括处理待印制文件及控制打印引擎所需要的整套软件模块。根据印刷机生产商不同，数字前端模块有Esko、Xeikon-800、Fiery XF、Prinect、HP SmartStream、Screen Equios、Durst Workflow等品牌。一般，影响输出质量的模块组件或工艺有渲染着色、校准、色彩管理和加网等功能。

很多数字前端已经扩展了其在工作流程中的作用。数字前端支持复杂精密设备，例如通常其功能扩展到色彩管理、颜色特征文件（ICC profiles）、拼大版以及可变数据处理。喷墨设备上的数字前端通常含有设置油墨量的选项以及控制干燥水平和印刷速度的选项。

数字前端是提高数字印刷生产力、创建快速、高效、自动化的数字工作流程的关键。

数字前端的重要性及其在提高整体质量和生产力方面的作用，使其更容易产生新的、更复杂的应用，这一点在购买数字印刷机时也经常容易忽略。购买数字前端时的关键考量因素详见表2-1。

表 2-1　购买数字前端（DFE）需考虑的因素

数字前端投资决策前应考虑的因素
工作流程自动化与端到端整合
现有业务与MIS系统整合
可变数据印刷要求
严格的色彩管理与质量
员工培训与考核

2.4.5 校准

成像装置的校准与工艺稳定性息息相关，旨在提高输出的准确性，确保输出符合某些标准。但虽然校准很重要，本章节并不准备详述，更多内容详见第八章。

2.4.6 色彩管理

数字化工作流程中每个设备都与其对应的色彩空间匹配，因此每个设备都有自己的色彩表示（即RGB或CMYK）。同样的输入文件在不同显示器上输出可能看起来颜色不同，印刷输出文件的颜色也会与计算机屏幕上显示的颜色不同。同一种油墨、相同的墨量在不同承印材料上也常常会看起来不同，这就是很多数字前端都提供某种形式的承印介质管理的原因。

因此必须进行色彩管理，以确保不同印刷设备之间色彩的一致性和可预见性，即用户会知道电脑显示器上看到的黄色打印在纸张上时的样子。同样，更多内容详见第8章。

2.4.7 加网

如上所述，大部分数字印刷设备都无法印刷连续调图像，因为每种印刷原色只能存储有限位数的网点，所以印刷时连续调图像需要被转化成每个印刷原色含有正确位数的网点的形式。这一工艺被称为半色调。

加网，本质上是一种人眼视觉错觉，即在假定观察距离内，网点足够小的话，人眼看到的将不再是网点而是连续色调，如图2-4所示。

胶印或柔印机采用"二值"加网（实地油墨或无油墨印刷），但更多喷墨印刷机（及部分墨粉印刷机）使用"多级"加网，充分运用灰度级打印头或多级打印头（如下）的优势。

图2-4　一幅是彩色图像；一幅是加网分出黑色后的特写，阶调比网点更明显；一幅是大特写，仅用黑白色展示阶调再现。为了使图像更清晰，例图采用二值加网图像（图片由Global Graphics Software友情提供）

　　加网技术在传统印刷机比如胶印和柔印、以及喷墨印刷机上明显不同之处在于，大多数胶印机和几乎所有喷墨印刷机都采用"点聚集态"网点或"调幅"加网，将标记像素聚集成集群或"半色调网点"。因为大多数传统印刷机并非一定都能将图像渲染成单个像素。但大多数喷墨打印机可以（除了无涂层材料上用水性油墨印刷的最小墨滴尺寸）；所以喷墨印刷机通常使用"离散态"加网，又称"随机"或"调频"加网。同样的成像系统分辨率对比时，这些比"点聚集态"加网图像的呈现效果更精细。

　　喷墨印刷机上，加网技术对缓和假象造成的感知质量影响很大，这种假象是由于墨滴之间互相作用［常导致条痕（streaking）］或干燥/固化时油墨缩水［常造成墨斑（mottling）］形成的，详见图2-5。

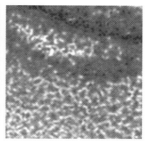

图2-5　喷墨印刷机常见的图像条痕和墨斑示例（图片由Global Graphics Software友情提供）

2.4.8 处理速度

数字前端的基本业绩指标是加工活件或运行工作流程时能达到并超越设备印刷速度；如果数字前端能保持始终超越当前班次的印刷速度，印刷机处理下一个活件时就不用再等待数字前端。

这就要求数字前端运行速度要足够快，即使要处理可变数据或每个标签活件都不相同（例如使用HP's Mosaic软件），印刷机也能全速运行。虽然目前可变数据尚未大规模或广泛应用，但用量也在持续增加，且可变数据作业的盈利空间也越来越高。如果需要打印300m相同的标签，数字前端通常只需要栅格化一种格式（输入PDF文件的一个"页面"），然后多次发送到喷墨打印头即可。但如果每个标签都不相同，PDF文件就要有多个页面，这些页面需要单独栅格化，这就要求数字前端具备更强大的处理能力。

数字前端加载的内容可以根据作业不同而改变；当标签含有大面积的图像、较宽的阶调范围或PDF文件透明度时，通常栅格化的时间更长。

印刷机本身也影响着数字前端印刷文件准备工作的复杂程度。打印幅面越宽、分辨率越高、卷筒走纸速度越快、墨量越多，数字前端需要处理的信息就越多，因为传送到打印头的栅格必须含有更多像素。

2.4.9 数字前端如何转变职责

运行传统印刷机时，印前和印刷区域有明显的责任分割，两者相交的接口就是印版。如果因为印刷机操作员用错印版而导致机器不能良好运行，且操作员无法排除故障，那么就必须退回到印前去解决。

而对于数字印刷机来讲，这个接口就是数字文档，即一个PDF文件。可能是客户提供的PDF文件，也可能是印前预处理的文件。印前可以先预检这个文件，甚至先"修复"某些问题；也可以直接进行排版。

但数字印刷机的印前功能远不如柔版印刷机要求的那么广泛。至少不用每个图像元素都单独设置一次加网参数。通常，数字印刷机上所有图像都使用相同的加网。

而且，数字印刷机固定的油墨设置也可以随着印前中需要的专色而进行改变。印前必须与印刷机操作员协调作业，以确保所有作业中的专色都符合品牌商的要求。但请勿在印前过程中试图将专色转为四原色，否则会引起叠印色以及数字前端上PDF文件透明度的变化。

有些印前已经可以完成的作业现在也可应用于数字前端，最明显的是色彩管理和半色调加网。令人欣慰的是，数字印刷机上这两个功能通常比柔版印刷机上的简单（或至少活件之间变动很少）。

2.5 数字成像关键点

2.5.1 成像技术

选择数字印刷机时需要考虑的一个关键点就是成像技术本身，每种技术都有其独特的优势和应用领域。成像技术可能从一开始就排除了某些特定应用领域，例如干墨粉印刷机需要加热以便将墨粉拓印在承印物上，因而并不适合某些热敏材料。另一方面，干墨粉系统一般不需要对承印物进行特殊的表面处理，并且对于承印材料有无保护涂层或覆膜适应性极强。

UV喷墨对承印物表面是否做特殊处理同样不作要求，虽然出于色彩管理和一致性的考虑经常建议做此类处理，但是一处理，薄膜重量就会增加，留下类似UV丝印的轻微"浮凸"效果。这种效果在具体某个应用环境中是否需要并不确定。但由于当前在需要这种效果的某些关键应用领域，直接丝网印刷仍占主导地位，它将会受到一定的冲击。

2.5.2 按需喷墨

喷墨印刷在所有数字印刷工艺中应用领域最广，可选油墨、印刷幅面和承印材料最多。喷墨印刷时，喷头将微小墨滴从喷嘴中喷射而出，无须直接接触即可在各种材料上（纸张、塑料、玻璃、陶瓷、纺织品等）形成图像。

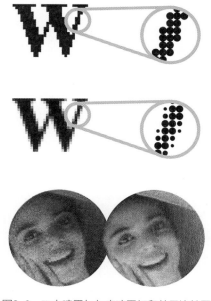

喷墨印刷有连续喷墨和按需喷墨（DOD）两种方式。连续喷墨（CI）技术中，持续墨流经过偏转形成图像图案；按需喷墨（DoD）技术则仅在需要时产生并喷出墨滴。大部分喷墨标签和包装印刷设备中，脉冲电压作用于压电晶体，使墨盒壁变形从而喷射出墨滴。根据受到电流强弱，喷射墨滴大小可以相同，也可大小不等。

图2-6　二态喷墨与灰度喷墨打印效果比较图

压电式按需喷墨可分为两种：二态喷墨和灰度喷墨。在灰度喷墨工艺中，墨滴尺寸可以改变，不像单通道喷墨，墨滴喷出后总是同样大小。这一效果在斜边图文的印刷中尤其明显，详见图2-6。

相同分辨率条件下，灰度喷墨印刷比二态喷墨印刷所达到的质量水平更高。

2.5.3 成像单元

虽然喷墨印刷机生产厂家很多，但所用喷头技术就只有少数几种，包括赛尔、京瓷、富士（FujiFilm Dimatix）、柯尼卡美能达、Ricoh、Samba、

Memjet或柯达（Kodak Stream）。爱普生是个例外，他们有自己专利的喷头技术。采用相同打印头的印刷机一般打印分辨率和印刷速度也相同（有些厂商可能每种色料使用两个打印头，并排使用，使印刷速度翻倍，或交替使用，使轴向分辨率翻倍），那么你如何从中选择呢？

事实上，即使大家都采用相似的成像单元，也有各种变量影响印刷机的实际性能。这些因素包括卷筒料操作、软件集成、辅助油墨干燥装置的使用以及油墨与固化装置的相互作用等。显然这些特征需要经过大量的打印测试才能熟悉，不能仅凭技术规格参数断定。

2.5.4 分辨率

近年来，图像分辨率对于部分潜在数字印刷机买家来讲已经成为困惑之源，特别是让他们区分各款"二态"喷墨和"灰度"喷墨印刷机有何不同时。

过去的几年中，众多厂家都发布了新款数字标签印刷机，特别是喷墨打印机。这些新款数字印刷机所能实现的印刷质量和产能很大程度上取决于它们所集成使用的打印喷头类型。目前标签印刷市场占主导地位的两款喷墨打印头主要是赛尔（Xaar 1001）和京瓷（Kyocera KJ4）。

印刷分辨率虽然并非衡量印刷质量的唯一标准，但也是关键指标之一。在柔版印刷中，其分辨率更常使用每英寸线数（lpi）或每厘米线数（lpc）进行描述。喷墨印刷机，包括有些读者家庭使用的台式喷墨打印机，以及众多迅速进入市场的UV固化喷墨数字印刷机，都趋于使用dpi或每英寸点数进行描述。

每英寸点数是指每英寸可印刷墨滴的密度。每英寸点数越多，图像印刷分辨率越高。因而所用的墨滴越小，图像清晰度越高。

因此，印刷分辨率主要取决于墨滴尺寸，其次是打印引擎硬件配置，再则成像单元也很关键。

如表2-2所示，一台1200dpi的打印引擎，每英寸可以打印出1200个墨滴，即每个墨滴尺寸为1/1200in=21μm。一台600dpi的打印引擎，每英寸可

表 2-2　墨滴尺寸（微米）与打印分辨率对比表

分辨率	墨滴尺寸
600dpi	42μm
800dpi	32μm
1200dpi	21μm

以打印出600个墨滴，即每个墨滴尺寸为1/600in=42μm。如果采用LED成像技术，这两款设备对应的LED阵列就分别是1200LED和600LED。二极管阵列上的LED数目是固定的，如上述定义，是一个硬件指标。

有了数字印刷机，图像垂直和水平方向的像素印刷分辨率可以是不一样的，具体阐释如下：

以喷墨印刷机为例，垂直于材料走纸方向的分辨率是固定的，由印刷图像的打印头上每英寸喷嘴数量来定义（如果每色油墨使用两个交替打印头，则数量翻倍）。材料走纸方向的分辨率则由打印头的喷射频率和印刷机运行速度决定的（有时为了保证同样的分辨率和喷射频率，会用第二个打印头使走纸速度翻倍）。

再举个例子，如果将材料走纸方向的印刷分辨率减半，也可以使印刷速度翻倍，此时你会发现打印头已有界定的喷射频率。为此，有时分辨率会用两个方向来定义，例如600dpi × 300dpi，意思是一个方向是600dpi，另一个方向是300dpi。

这也就意味着分辨率可以得到提高，但印刷速度就会下降，反之亦然。所以买家看报价单中分辨率时需查看其对应的印刷速度。同样，要实现描述中的最高印刷速度就只能降低分辨率。

还是那句话，影响实际印刷质量的因素有很多，包括承印材料表面张力和吸收特性，以及数字前端所用的加网算法。

2.5.5 灰度级功能

影响印刷质量的另一点是印刷可选择的墨滴大小和多少，通常称为灰度级功能。

灰阶打印头可以喷射不同大小的墨滴，在承印物相同位置投放不同墨量，不同于胶印或柔印机所采用的二值加网（binary screening）。印刷不同阶调层次的图像或摄影图像时，采用灰阶打印头可实现更平滑顺畅的效果；比同等分辨率下"二进制"加网印刷效果更平滑。

将两个或两个以上喷嘴位置固定，使其每次都喷射到相同打印位置，也可以达到这种效果。相比UV油墨，这种方式更常见于水性油墨印刷。

描述墨滴大小和数量的数据被压缩在比特数据包内，发送到喷墨打印头，数据包大小用"位深度"来表示。二值加网可以是每像素点1位数据（像素点为0或1，编码成"有墨滴"和"无墨滴"）；每像素点2位数据则编码成"无墨滴"至最多3个墨滴单位（共计4个单位，2^2）；或者每像素点3位数据编码成"无墨滴"至最多7个墨滴单位（共计8个单位，或2^3）。实际操作中，软件中很难有效掌控3位数据包，所以通常用4位深度来代替。但要注意，使用一个特定位深度，并不表示其编码的所有墨滴尺寸都能用上。一个4位深度图像可以编码15个墨滴单位（2^4，因为"无墨滴"也用一个值），但通常只有携带4或5单位的数据。

目前市场上占主导地位的主要有两种打印头技术，赛尔和京瓷，还有一些其他大型打印头供应商，例如Samba和Ricoh。

如图2-7所示，以赛尔Xaar 1001和京瓷Kyocera两款打印头为例，两种打印头技术效果并排对比时可以看

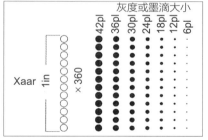

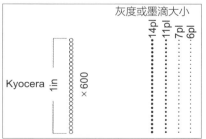

图2-7　赛尔和京瓷打印头墨滴尺寸对比

到，打印头的灰阶功能或喷射的墨滴尺寸不同，图像分辨率和"有效"图像分辨率也会存在差异。

例如，赛尔Xaar 1001打印头的原始印刷分辨率为360dpi，则表示打印速度为25m/min，印刷分辨率360dpi×360dpi，8级灰度。

2.5.6 有效分辨率和视觉分辨率

随着这些新款（喷墨）打印机的上市，一些用于定义不同数字打印喷头印刷分辨率和输出质量的新词汇也应运而生，比如每英寸点数（dpi）、有效分辨率（edpi）、灰度等级等已成为热门新词。

赛尔将灰度等级功能和打印分辨率结合，称为"有效"分辨率，或按照EFI Jetrion的叫法称为"视觉"分辨率。计算方法大体是灰度级数乘以原始分辨率再取平方根。因此赛尔声称其喷头有效分辨率超过1000dpi，虽然每英寸不足1000个墨滴。该打印头有8个灰阶，墨滴大小从6pl（皮升）到42pl（无墨滴也作为一个墨滴单位）。但这种算法也要注意，有些喷墨印刷机只能使用合适的墨滴单位才能实现高质量的印刷。结果就是虽然输出质量提高了，但通常有效分辨率却降低了。

而多米诺使用的京瓷KJ4A打印头，原始分辨率为600dpi，运行速度50m/min，图像分辨率600dpi×600dpi，有4个灰度等级（加上"无墨滴"就是5个）。这就意味着有效分辨率可达到1340dpi。相对比Xaar 1001喷头可产生129600个大墨滴，京瓷这款打印喷头每平方英寸最多可产生360000个墨滴。该喷头有4个灰度等级，墨滴大小从6pl到14pl。印刷时可用墨滴数量越多，平均墨滴尺寸就越小，因此有人认为要实现的原始分辨率越高，实际要求的灰度等级越少。

值得注意的是，赛尔凭借上述Xaar 1001打印头以及后来发布的Xaar 1002和1003打印头（后者有5个灰度级），已经确立了其市场领导者的地位。

2.5.7 电子油墨系统

油墨/墨粉系统的特性不同，对客户选择数字印刷机有很大影响。比如喷墨印刷机，有水性油墨、溶剂型油墨、染料型以及UV或LED油墨，每种都有自身特定的附着力、迁移度、耐光性和耐磨性参数，具体应用时还要考虑表面是否需要上光或覆膜等。油墨与承印材料之间的关系详见第9章。

另外，是否可扩展油墨色组或许也成为采购前的重要考量因素。对大部分常见标签应用来讲，简单的CYMK油墨就够用。但如果要用到透明薄膜或金属材料，则要有完全不透明白墨。需要搭配Pantone色系使用时，则需要考虑6色或7色油墨系统，增加橙色/绿色/紫色组合。建议选购至少5色印刷机。五色数字印刷机的第五墨站通常装白墨，但也可以装某个特定色。

不论采用哪种油墨系统，不论有多少种着色剂，一次通过（Single-pass）喷墨印刷机对承印材料横向的密度变化很敏感，而多次通过（扫描）印刷机通常受走纸方向的密度变化影响较大。这两种情况通常会出现的现象就是条带。印刷机生产商可以通过调节打印头电压，某种程度上缓和这一情况，但印刷商或加工商自己往往无法调节。有些数字前端含有修正条带的软件，可以提高印刷的均匀度，并缩短检修维护的停机时间。

2.5.8 可变印刷功能

本书出版前联系的数字印刷机生产商都声称他们可提供可变印刷软件，有的已捆绑安装在印刷机上，有的作为选配件。该功能一般主要用来处理可变编码、序列编码以及可变文本和图片。

如果可变印刷是您的主要应用领域，那么在选购时应仔细查看印刷软件的该功能，包括其组合工具、以及处理可变数据印刷时数字前端全速驱动印刷机的能力，且可变数据的复杂程度至少要达到您期望印刷的水平。当然也有多款出色的第三方组合软件可供选择。

可变数据之后下一步就是，当每个标签都不相同时，使用软件处理，比如惠普Mosaic。这种极端案例中，数字前端的可变数据优化用处实在有限，但理想的来说，数字前端处理文件的速度必须要快，至少要跟印刷机处理文件一样快。

2.5.9　印刷机质量方面的其他考量

当然还有其他诸多因素决定数字印刷机输出的最终印刷质量，例如所用承印材料、环境、色彩管理、套准控制、印刷密度、油墨流量等，但内置打印头的印刷分辨率才是决定图像细节水平的关键。原始分辨率越高，反映在图像上的细节就越多。有些原始分辨率低的打印头会通过增加灰度级数对此进行补偿。

只要图像含有足够且适当的信息，使用灰度打印头可以提高摄影图像印刷的外观质量。传统印刷机也可以做到这一点，但所需信息可能稍有不同。如果一张图像对印刷机来讲分辨率太低，就会出现像素失真。而如果过度锐化，又会产生光晕。通常，带灰阶打印头的喷墨印刷机需要的锐化程度比使用柔印机要轻。

但是只有未改动的图像分辨率才能显示出矢量图最精细的细节，例如更小墨滴尺寸的文本。在设计或印前阶段，当文本转化为矢量轮廓时，这一点尤为真实，因为低分辨率情况下渲染通常比原"实时"文本更重，虽然有些数字前端含有轻度渲染这些图像的选项。

那么标签加工商或包装印刷商怎么能更好地确定他们应该投资什么样的数字印刷机、打印头或印刷品质呢？或许最好的办法是用不同的喷墨或墨粉印刷机，在各种不同的承印材料上印刷出各种图像，然后再结合他们各自公司和应用范围，最终得出结论选出最佳印刷质量。具体还要看生产作业类型、其客户的质量要求、期望打印速度，并且与其所用的其他印刷技术（比如UV柔印）印刷质量相匹配等。

2.6 制定投资决策

我们已经讲述了数字印刷的核心技术、成像工艺以及术语要素等，现在标签加工商或包装印刷商可以看一下当前市场上的主流技术、印刷机及供应商，了解并比较各种印刷技术、前端、分辨率等方面的性能，制定按需印刷彩色数字印刷机的投资采购计划了。

但是，查看并投资目前市面上众多款数字印刷机前，还要做几个重要决定，如表2-3所示。从中可以看出，标签加工商在数字印刷行业进行第一笔投资（或后期其他数字化投资）前需要先熟悉并了解他们印刷、生产哪些产品，客户有哪些要求，再看看市面上有哪些印刷机品牌可选，然后咨询一下相关数字标签印刷机供应商。

表2-3 投资数字生产技术前需要考虑的几个关键决策问题

•	您想要投资哪种数字印刷工艺？ —液体墨粉/电子油墨 —干墨粉 —UV喷墨 —水性喷墨
•	满足加工商、客户和终端用户要求的最佳印刷分辨率是多少？
•	您需要多大的卷筒或印刷幅宽？这个需求是否适合您现有的传统印刷机幅宽？印刷收缩套标时，这个问题很关键。
•	所有承印物都要表面加涂层或进行表面处理吗？还是只是部分？
•	是否有一些加工商常用的承印材料，不适用于个别印刷机或印后加工技术（或激光模切）？
•	您需要有几个数字印刷色组？ —CMYK —CMYK+白色 —CMYK+OGV+白色 —扩展色域
•	印刷活件是否需要打印白色墨层？例如在透明材料上印刷时？
•	印刷机的每分钟打印速度或印刷产量是否很重要？
•	设备装机后，是否需要考虑其他成本支出？例如按点击量收费、售后服务收费、打印头更换成本等？

续表

- 印刷机的数字前端是否需要与现有的印前处理和工作流程相兼容？

- 该印刷机需要满足哪些作业范围？
  —多色或仅CMYK色　　　　　　—专色
  —白色　　　　　　　　　　　　—UL认证或食品接触
  —上光、磨砂与触觉效果等

- 该设备主要需要服务哪些市场？食品、酒水和饮料、个人护理、医药、工业？竞争对手一般采用哪种设备？

- 可变文本、矢量图形、序列编码或数字编码、多版本或可变数据等，是否是常规印刷作业的组成部分？

- 印后加工处理需要连线、近线还是离线？标签印后加工需要选购哪些附件？组合方案是否更佳？

- 现有的柔性版印刷机是否能加装一个数字CMYK+白色打印引擎，成为入门级数字印刷方案？

- 从印刷作业的数量、种类和尺寸来看，激光模切是否可作为印后加工选项？

对于首次投资数字印刷的厂商来讲，还有几个重要问题要考虑，包括：
①投资新技术、新技能；
②改变销售和销售人员的角色；
③着重强调市场营销；
④决定哪些作业用数字印刷，哪些用传统印刷；
⑤强化色彩管理和印前的重要性；
⑥让色彩管理成为书稿和画稿印前处理的重要特色。

这些因素将在本书稍后章节中详细叙述，特别是第8章，含印前策略，以及第10章，讨论标签和包装印刷企业的数字化工艺流程管理。

那么，看过、研究并决定了具体需要哪种数字工艺、印后加工、功能和性能，接下来我们就可以探讨更多细节问题了，包括全球市场目前流行的主要技术、印刷机品牌和印后加工选择，并审视印前策略、承印材料选择以及各种管理层面，这些将在稍后9个章节中详细阐明。

第 3 章

静电成像数字印刷技术

静电成像

什么是OKI？

静电成像技术是什么？

充电单元

显影单元

电子油墨印刷机

自定义印刷不断增长

采用静电成像技术进行标签和包装的数字印刷都是依据带电粒子的特性和原理，不论是干墨粉加热式，还是液态载体加悬浮颜料式，都源于20世纪三四十年代切斯特卡尔森（Chester Carlson）发明并获得专利的静电成像技术。

在现代彩色印刷形式中（干式或湿式），静电成像技术是标签和包装印刷领域出现最早，并且应用最广泛的数字印刷技术，自20世纪90年代中期进入市场以来，销量迅速增长，目前已占全球彩色数字标签与包装印刷机装机量的三分之二。

当今市场两大主流静电成像印刷机供应商——惠普和赛康生产的按需印刷彩色数字墨粉印刷机，在2014—2019年市场占有量迅速增长，并广泛应用于食品、卫生保健、酒水饮料、医药以及零售标签行业，近年来更是引起纸盒印刷和软包装印刷行业的广泛关注，并且装机量和用户也在逐年增长。

除了标签和包装印刷，静电成像技术还应用于复印机以及激光或LED打印机上。简单地来讲，这个工艺就是将一个金属滚筒或感光鼓，安装在水平轴的上方旋转运行。感光鼓表面涂层可以吸引静电电荷，曝光后，静电电荷根据图文区域和非图文区域的要求而消散或保留。曝光后鼓上仍然携带的电荷形成"电荷潜像"，如图3-1所示。然后再利用携带与感光鼓上潜像相反电荷的干式墨粉或湿式墨粉，将潜像显影出来。墨粉被吸到感光鼓上，形成可见图像，然后结合温度、压力和静电作用（主要取决于具体的墨粉工艺和印刷机厂商），将图像从鼓上转印到标签或包装印刷材料上从而完成印刷。转移后，干墨粉不能牢固地附着在承印材料上，需要通过加热加压，融化并固着在待印刷的承印材料上。

湿式/液体墨粉印刷机采用加热橡皮布和挥发干燥装置。静电成像工艺最后一步是通过一个旋转式清洁刷或橡皮刮，将剩余未转移的墨粉移除并将

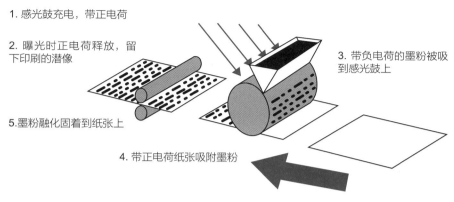

1. 感光鼓充电，带正电荷

2. 曝光时正电荷释放，留下印刷的潜像

3. 带负电荷的墨粉被吸到感光鼓上

5.墨粉融化固着到纸张上

4. 带正电荷纸张吸附墨粉

图3-1　静电成像工艺演示

感光鼓清洁干净。

　　静电成像市场可以分为黑白和彩色印刷两种，正是彩色按需印刷机推动了标签和包装印刷市场的迅猛发展，使短版印刷发展到中版多版本及差异化、可变数据印刷、客户自定义印刷等，并且使消费品制造商获益良多，主要表现为：改进了工作流程、促进了创新型营销实践的崛起、使各种新产品加快了登陆市场的步伐并且推进了技术进步。

　　如今品牌商和生产商仍然不断寻求包装和印刷效果的革新，以获得更多竞争优势并增加其产品的货架吸引力。正是由于包装行业这种不断上升的需求，成就了全球彩色按需静电成像印刷市场的持续发展和主导地位。

　　推动静电印刷技术需求增长的另一个主要驱动因素是大多数标签用户、消费者和企业都在不断加大对营销活动的投资。另外，食品、卫生保健及零售业有目共睹的增长，也进一步推动着全球静电成像印刷市场未来几年持续增长，虽然喷墨印刷技术的竞争压力也接踵而来。

　　像早先提到的，在过去的20多年内，两大数字墨粉标签和包装印刷机生产巨头——惠普（ElectroInk电子油墨/液体墨粉）和赛康（干墨粉），已经建立了其市场主导地位。其他主要的标签和包装印刷机生产商也会在本章提及，包括柯尼卡美能达以及OKI。现在我们详细讲一下这些供应商及其核心技术，首先从惠普专门为标签及包装印刷应用开发的HP Indigo ElectroInk电子油墨印刷机开始。

3.1 惠普（HP INDIGO）

惠普数字印刷机，与传统凸版印刷机、平版胶印机、柔性版或丝网印刷机一样，采用液体油墨印制图像。最大的区别在于，惠普HP ElectroInk技术是油墨中含有带电粒子，以电子方式控制油墨位置，不用先制作实体印版标记图文区域和非图文区域。

惠普数字印刷机利用一块光电成像印版（Photo Imaging Plate，PIP）充电吸附油墨，不像传统印刷机采用不能改变的固定（蚀刻）印版，HP Indigo光电成像印版是一个动态感光印版（看起来像感光鼓），印版辊筒每次旋转可携带不同信息，由激光头以图文形式再现出来。

充电单元（Scoroton）产生电荷，将显影单元（BID）中的油墨吸附到光电成像印版（PIP）上，而非从墨盒中物理转移到滚筒上。根据电压变动，油墨被吸附到PIP上或从PIP上释放掉，如图3-2和图3-3所示。

从光电成像印版（PIP）上，电子油墨稍后被转移到中间转印辊，过程类似传统胶印。橡皮布的作用相当于减震器和传压垫，用来确保油墨均匀地

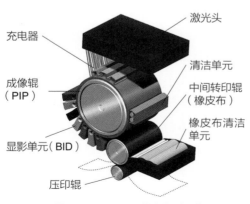

图3-2　HP Indigo数字印刷工艺

图3-3　HP Indigo 6900数字标签印刷机运行示意图

转印到承印材料上；它还可以干燥液体墨粉中的水分，使其在转印到承印物之前形成均匀的一层。

这使惠普数字印刷机可广泛用于各种不同表面纹理和厚度的印刷材料。与传统胶印相比，HP Indigo技术具有一系列优势，如消除了传统胶印的不完全油墨转移（墨滴分裂）。

惠普HP Indigo橡胶布可以将油墨100%转移到承印材料上。橡胶布上油墨完全转移，使所有图文信息可以由同一套滚筒完成印刷，保证了精确的套准和整体的色彩一致性。

油墨转移后，PIP经过清洁站（类似一块海绵）被清理干净，然后充电器在激光头生成下一个分色图像之前重新充满电。每次印刷完成后，橡皮布也被清理干净。

惠普创造了一种全新的模式，成像辊每一次旋转都产生不同颜色，色彩图像在一次全部转移到承印物之前，先统一转移至橡胶布上，所以不会再出现网点扩大或套准问题。

作为整个工艺最活跃的环节，惠普Indigo电子油墨是一种独特的液体墨粉（不同于其他技术），其中墨粉粒子悬浮在液体中，它将数字印刷的优势与液体墨粉的特点结合在一起。电子油墨形成的色域范围广、准确度高，产生的图像清晰，色彩过渡平滑，HP Indigo号称其质量水平远非同等竞争性数字印刷技术所能及。

惠普数字印刷机可印刷7种颜色，但由于每种色彩都必须单独成像并转印到承印物上，每多用一种颜色，就多一层油墨，从而会等比例地影响或降低整体效果和产量。由于每多一种颜色需要计入"点击"量，因此对印刷成本也有影响。

针对这种情况，HP Indigo开发出增强生产模式（EPM），只用CMY色即可印刷出合理的图像效果，每次印刷节约1/4的成本，且速度提升至40m/min。还有一种更快的版本，双引擎8000款，印刷速度高达80m/min。

过去的16年中，惠普推出了一系列数字印刷机，例如6000系列，已大量售出并广泛安装到标签和包装印刷行业；自2012年惠普公司推出Series 4系列HP Indigo数字印刷机以来，目前该机销量早已突破了1000台历史大关，新机安装遍布全球65个国家和地区。如果加上2004年发布的Series 2和3系列，HP Indigo数字印刷机仅在标签印刷方面装机量就已超过2000台。

Series 4系列印刷机包括HP Indigo 20000标签和软包装印刷方案、HP Indigo 30000折叠纸盒印刷方案、超大幅宽B1 HP Indigo 50000商业图片印刷机（非标签）以及HP Indigo 12000HD高清数字印刷机，目前全球范围内新机装机量已达到50台（部分用于折叠纸盒印刷生产）。

接下来我们详细看一下HP Indigo数字印刷机的几款主流机型：

3.1.1 HP Indigo 6000 系列标签印刷机

目前市面畅销的HP Indigo WS 6600，WS 6800和WS 6900数字印刷机都是在公司领先市场的窄幅卷筒印刷方案基础上设计生产的，主要用于大批量数字标签和包装生产；其中HP Indigo 6000系列印刷机，可印制各种类型的标签，版面幅宽不限，且操作更简便，产量更大，盈利更高。6000系列印刷机的技术参数如表3-1所示。

表3-1　HP Indigo WS 6600，WS 6800 和 WS 6900 印刷机技术参数

印刷技术	静电成像，HP Indigo电子油墨（液体墨粉）
印刷色数	可用多达7色油墨，网点图像（4，5，6或7）或专色图像，或组合使用
分辨率	812dpi，8位，可寻址能力：2438×2438 HDI（高清成像）
印刷宽度	最大340毫米
打印速度	30米/分钟（四色印刷模式） 40米/分钟（增强生产模式）
承印物类型	HP Indigo认证的各种表面处理过的纸张和薄膜，厚度从12到450微米
数字前端（DFE）	Esko支持的HP SmartStream Server。现在装机的是HP Production Pro，一款扩展性更广的数字前端

惠普最新的HP Indigo 6900数字印刷机（图3-4）使加工商可以生产任何窄幅的标签、软包装、套标、模内标（IML）、缠绕膜标签或折叠纸盒活件，切换简单且快速。

图3-4　HP Indigo WS 6900数字印刷机

该印刷机支持各种印刷介质的数字化生产，包括0.5～18pt的合成材料及纸张。承印材料可以预先优化处理，也可以是标准材料，底涂方案可以在线，也可以离线。支持多种环保认证的承印材料以及环保的底涂剂、光油和粘合剂。

HP Indigo扩展色域的应用为印刷方案进一步增值，包括金属银色电子油墨、荧光油墨以及隐形油墨。具有一系列白墨组合以及各种不透明色，包括珍珠白电子油墨——一种通用型不透明白墨，只需涂薄薄的一层，彻底干燥并固化后，只一道印刷工艺就能产生一种可媲美丝印质量的不透明白色。

该机型为品牌商配备了一些必要工具，以达到最佳质量和多层品牌保护，提供各种防伪特征，包括微缩文字、可追溯方案、自适应工作流程方案以及隐形防伪油墨，这些全部在一台印刷机上一次印刷完成。

3.1.2 HP Indigo 20000 软包装和标签印刷机

HP Indigo 20000数字印刷机是一款划时代的产品，如图3-5所示，中版印刷幅面为760mm（30in），其图像格式、打印速度和排版拼版能力为软包装和标签加工商提供了更高产、高效的选择，应用领域包括大型标签、模内标、软包装及收缩套标，印品质量足以匹配凹版印刷水平，并满足初级食品

图3-5　HP Indigo 20000软包装及标签印刷机

安全包装印刷的需求。

　　HP Indigo遵从低迁移油墨的行业标准定义，使用时严格遵守定义限制的条件。它符合美国FDA和欧盟法规的要求，可以安全印刷间接接触食品的包装，且遵守瑞士食品接触材料及物品条例和雀巢包装用油墨指导说明等。

　　该印刷机可以在厚度0.4～10pt的合成材料或纸张等承印材料上印刷，包括薄膜、各种不干胶标签料、模内标以及收缩材料等。该机采用开卷后底涂工艺，可以在现成的材料上直接印刷，无须准备或预处理。该机还支持PE材料和其他经认证的高伸缩性材料。

3.1.3 HP Indigo 30000 折叠纸盒印刷机

　　The HP Indigo 30000（如图3-6所示）的应用已有目共睹，75cm的印刷幅面，足以媲美胶印的质量以及全新的印后整饰系统，使这款单张进纸数字折叠纸盒印刷机能够为客户提供实现更高利润的商机。该设备装有在线底涂系统，可以在厚度250～600μm的承印材料上印刷，包括涂布或无涂布及现成纸板、金属镀膜材料以及合成材料等，能够印刷几乎所有纸盒、膜套、卡片或泡罩包装，并具备胶印的质量水平。惠普专门为该机定制了自动色彩管理软件和印后加工方案，更是极大地提高了该机的生产效率。

　　这款印刷机受到全球领先包装纸盒加工商的青睐，它无须进行开机前的准备，最大程度地减少浪费，具有简单易用的版本管理功能，便于接受更少的印刷量和更快的交货速度，让企业更具竞争优势。

图3-6 HP Indigo 30000折叠纸盒印刷机图解

该机有7个油墨单元，提供较大的数字色域，能够匹配97%以上的 Pantone色彩，并可满足苛刻的品牌色彩要求。

3.1.4 HP Indigo 11000，15000 和 17000 瓦楞印刷机

由于本章主要介绍标签、软包装以及纸盒包装印刷相关的惠普静电成像数字印刷机，需要提一下，HP Scitex同样采用喷墨工艺生产一系列瓦楞印刷机。

3.2 XEIKON 墨粉数字标签与包装印刷机

作为早期数字标签印刷机的先驱者以及市场领导者，赛康提供的整体解决方案包括：X-800工作流程数字前端、数字印刷机、在线或近线印后加工单元。所有产品销售和服务均由专门人员一站式提供。X-800数字印前处理流程由赛康专门为数字印刷机设计，模块化构造使其可以无缝融合到各种现有工作流程中。X-800数字前端集合了色彩管理、拼大版、可变数据生成、数字编码、条形码生成（30多种条形码）以及RIP单元等。最新版本的X-800数字前端高度自动化，可提供市场上最强大的工作流程系统。

X-800 6.0将其卓越而始终如一的印刷水平与行业领先的生产力相结合，不论印刷活件多么复杂，都能协助数字印刷机以最快、最灵活、最有保障的方式完成作业。它可以在全线印刷机型上实现升级，从用于标签印刷的Xeikon 3000系列到Cheetah系列，再到Panther UV喷墨印刷机（PX3000和PX2000）以及传统印刷市场适用的Xeikon 8000和9000系列。

自2012年始，赛康将其印刷解决方案称为印刷套装（Suites），例如：不干胶标签印刷套装、折叠纸盒印刷套装、热转印标签印刷套装以及最新推出的模内标签印刷套装。图3-7展示的是Xeikon 3300不干胶标签印刷套装。

图3-7　Xeikon 3300不干胶标签印刷组合概念图

具体操作方面，赛康印刷机采用干墨粉技术，从5个印刷单元输出，每个印刷单元有一个中央静电成像辊。印刷时，成像辊先被清洁、充电，用1200dpi的LED阵列成像，再由墨粉颗粒显影。显影后的墨粉图像再经过加热加压转印到承印物上，之后按整个清洁、充电、成像、显影的流程重复，又开始一个印刷周期，如图3-8所示。

目前，赛康印刷机，包括Xeikon3000和Cheetah系列，都采用静电成像数字干墨粉印刷技术，这两款被称为公司干墨粉标签组合的核心机型，应用于不干胶标签、模内标，以及热转印标签领域，技术参数详见表3-2。

赛康Xeikon 3000系列的框架以全轮转印刷机为基础，重复长度可调整，确保加工商生产能力不受标签尺寸和色彩数量的影响。赛康公司专为标签和包装印刷研究开发的QA干墨粉，具有高耐光性，符合FDA关于直接和间接食品接触方面的标准。赛康还有一款不干胶标签专用墨粉，称为ICE，将承印材料扩展至PE和热敏标签纸。两款墨粉都支持一次走纸（One pass）印刷不透明白色。

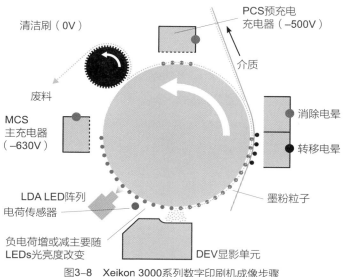

图3-8　Xeikon 3000系列数字印刷机成像步骤

表 3-2　Xeikon 3000 和 Cheetah 系列印刷机主要技术参数

印刷技术	静电成像（EP）干墨粉
印刷色数	CMYK +白色
分辨率	1200dpi
印刷宽度	330/500mm
数字前端（DFE）	Xeikon X-800
印后加工选件	离线或在线
印刷速度	高达30m/min
承印物类型	不干胶材料，有涂层/无涂层纸张，PVC，PP，PE

　　Xeikon 3030Plus、Xeikon 3300以及Xeikon 3500是Xeikon 3000系列的顶级配置，具有出色的生产能力和高质量的印刷水平。获奖机型Xeikon 3300（图3-9）和Xeikon 3030Plus主要为常用的330mm或13in幅面设计，而Xeikon 3500则为幅面宽达516mm或20.3in的印刷材料而设计，这是Xeikon 3000系列生产力最高的数字标签印刷机。

　　Xeikon Cheetah在2015年进入商业领域，是一款全轮转印刷机，五

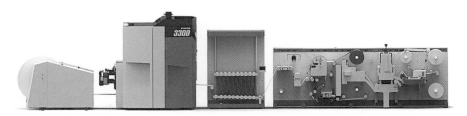

图3-9　Xeikon 3300数字标签印刷机

色印刷模式下印刷速度可达98in/min（30m/min），实际印刷分辨率为1200dpi×3600dpi，卷纸宽度为7.9～13in（200～330mm）。Cheetah采用赛康低温ICE墨粉技术，拥有与Xeikon 3300相同的5/0简便配置。

两款印刷机都采用全轮转印刷，可变重复长度从0～55m，具有相同介质处理能力，从40gsm到350gsm。这款印刷机的特征是实际印刷分辨率高达1200dpi×3600dpi，专门用于不干胶标签生产。

标准墨粉配置是CMYK四色外加白墨，后者主要用来在透明材料上印刷，但第五油墨单元也可以用来印刷扩展色域的颜色（包括红色，绿色，蓝色，橙色或额外的品红色），或者装一种只能在UV光下可见、用于防伪印刷的透明墨粉。内置密度仪，用来提高色彩一致性以及作业内部和作业之间的衔接管理。

3.2.1 Xeikon CX500 小袋包装方案

Xeikon的小袋包装方案（图3-10）包括彩色印刷设备和覆膜装置，为进一步提升数字印刷的更高价值而设计：周转时间更快、广泛用于中短幅版面及个性化印刷。

赛康覆膜工艺Xeikon LCoat，达到"零"固化时间（AfterCure），支持印刷机快速周转，并可灵活适用于各种结构的包袋批量印刷。Xeikon CX500印刷机的印刷幅宽达到20in/508mm，支持彩色+白色，并具有目前市场顶级的食品安全数字印刷技术。

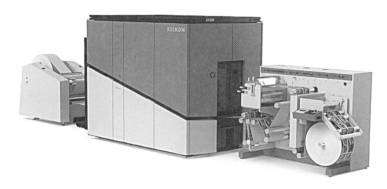

图3-10　Xeikon CX500小袋包装解决方案

3.2.2 Xeikon 3000 系列折叠纸盒印刷机组合

赛康数字折叠纸盒包装印刷组合旨在帮助纸盒生产商缩短加工时间，应对准时制生产（JIT）要求，适应更多变化并满足更多个性化要求（图3-11）。

不论是单张纸还是卷筒纸，Xeikon 3000系列折叠纸盒印刷机都能提供最佳的印刷质量和灵活性，分辨率高达1200dpi，内置自动质量控制程序，且无需预涂即可使用各种传统印刷介质。型号从入门级折叠纸盒印刷机到具有最高打印速度的3500旗舰款均可订购。

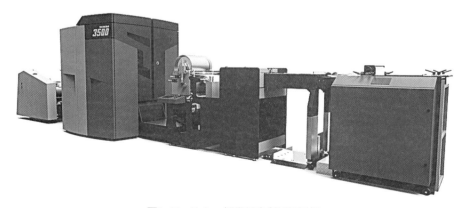

图3-11　Xeikon折叠纸盒印刷机示例

3.3 柯尼卡美能达（KONICA MINOLTA）

在2017年世界标签博览会（Labelexpo）上，柯尼卡美能达首次携AccurioLabel 190彩色墨粉印刷机亮相。AccurioLabel 190印刷机由丹麦公司Grafisk Maskinfabrik（GM）研发制造，用于取代2年前发布并在全球100多家公司装机的bizhub PRESS C71cf型印刷机。

之后，2019年6月，柯尼卡美能达又发布了AccurioLabel 230（从外观看与AL190款几乎一模一样）。这台机器是目前销量非常成功的最新款数字墨粉印刷机。AccurioLabel 230（表3-3、图3-12）首次亮相是在2019年欧洲的世界标签博览会，它操作简便，满足了市场对短版印刷以及客户自定义印刷不断增长的需求。

图3-12　Konica Minolta AccurioLabel 230 数字墨粉印刷机

表 3-3　Konica Minolta AccurioLabel 230 主要技术参数

印刷技术	静电成像（EP）干墨粉
印刷色数	CMYK
分辨率	1200dpi×1200dpi
印刷宽度	330mm
数字前端（DFE）	Konica Minolta控制器，采用IC-605B/ AccurioPro Label
印后加工选件	在线分切/连接在线及离线加工设备
印刷速度	23.4m/min
承印物类型	纸张，YUPO，PP，PET

该机型的印刷速度为23.4m/min，增幅高达147%，适用于大多数有涂层/

无涂层纸张、PP和PET介质。可连续印刷最高质量1200dpi×1200dpi的材料长达1000m，且无需再校正。印刷活件切换耗时可忽略不计，进一步提高了生产效率。

AccurioLabel 230功能强劲，操作/维护简便，是一款完美的入门级数字标签印刷机，生产效率和印刷质量足以匹配或超过本设备成本三倍的印刷机。如需提高自动化，可完全集成在线半轮转标签加工方案，最终达到提高生产力的目的。

3.4　OKI

OKI Anytron数字标签印刷机，分辨率最高可达1200dpi，输出速度高达9m/min。该设备采用一次通过（single pass）技术，标签径直沿走纸路径通过印刷机，无任何回转；同时安装了先进的收卷纸和送纸装置，保障设备的运行稳定性和印刷速度。

Anytron any-002彩色标签印刷机表3-4、图3-13为生产亮丽而灵动的彩色标签提供了完整解决方案。新型any-002是一款工业级印刷机，一上市就填补了市场空白，其定价更是迅速展现出其投资正收益（图3-14）。

表 3-4　OKI C711/ any-002 主要技术参数

印刷技术	LED激光
印刷色数	CMYK（色粉）
分辨率	600dpi×1200dpi
印刷宽度	209mm
数字前端（DFE）	数字印刷（anytron RIP）
印刷速度	最高9m/min
承印物类型	各种不干胶标签材料均可适用

图3-13　OKI any-002 数字标签印刷机

图3-14　OKI any-JET，anytron数字标签印刷机升级版

OKI称，Anytron是食品、保健品及其他产品的生产厂家和零售店品牌化的理想产品。

随着各种各样的产品和自有品牌雨后春笋般出现在消费者面前，生产商、消费品制造企业、超市以及其他经营者都需一台设备，可以高速度、低成本的印刷各自所需的标签。

这款印刷机可打印4、6、8in（10、15、20cm）的标签料，且生产的标签不仅分辨率高、色彩丰富，而且具有防水、防刮擦等优点。另外各种不干胶标签料，例如铜版纸、经认证的PET、PP、复写纸等均可适用，而且还能用于容器产品标签的打印，例如酒瓶、盒装货品、篮筐或包袋等。

该设备的套准精度为±0.5mm，支持圆刀模切印后加工。除印刷机外，Anytron系列还包括一台数字激光模切机；结合数字标签印刷机，成为一整套标贴解决方案，小型工厂同样可使用。

第 4 章

喷墨数字印刷技术

喷墨印刷

热喷墨技术

压电喷墨技术是什么

静态卷筒纸印刷

道斯特

标签印刷系统

模块化结构

> 喷墨印刷究其根源最早可追溯到20世纪50年代，但是直至20世纪70年代，喷墨印刷工艺才得以轻松再现黑白色计算机数字图像。20世纪70年代，喷墨印刷早期应用案例包括打印地址标签和信封，而连续喷墨作为最早的技术之一，也逐渐进入日常应用，比如打印包装编码和标记。连续喷墨技术（CIJ），就是连续喷出的墨滴流偏转后形成图像。

然而，不论是纸盒生产或软包装，正是彩色按需喷墨（DoD）数字印刷彻底改变了今天的标签业，并且开始对包装印刷业的长期发展产生影响。不同于连续喷墨技术，按需喷墨是仅在需要时产生并喷射出墨滴。

从现代按需喷墨印刷机的演化历史来看，其首次进入标签行业可追溯到2003年爱克发（Agfa）发布的第1代数字喷墨印刷机，印刷分辨率为300dpi。第2代按需喷墨技术是2008年上市的一系列印刷机，包括纽博泰（Nilpeter）、Jetrion、道斯特（Durst）、Stork等品牌，印刷分辨率为360dpi。

到2012年，第3代喷墨印刷机分辨率已达600～720dpi，品牌包括多米诺、道斯特、Jetrion以及网屏（Screen）等。经过几大市场领先的喷墨头供应商在技术方面不断地投资和研发，目前最新一代的喷墨印刷机已研发成功并将登陆市场，其打印分辨率高达1200dpi或更高。

按需喷墨（DoD）彩色喷墨印刷主要采用两大技术：热喷墨技术和压电喷墨技术。热喷墨技术主要用于消费者购买的小型喷墨打印机，而压电喷墨（DoD）印刷技术则主要用于标签和包装印刷的工业化生产。

从很多方面来说，压电喷墨印刷机可以算是从早期点阵式（针式）打印机进化而来的，它采用几百个微型推进头将墨滴喷射到承印材料上，取代了原来金属打印针生成打印图像的方式。但打印图像仍然是由微小的墨滴构成，如同以前的点阵式打印机，只是墨滴非常小，小到几乎肉眼看不见的地步。不同种类的喷墨打印头推挤墨滴的方式也各异。

对于大多数按需喷墨标签和包装印刷机来说，墨滴是电脉冲作用于压电晶体，使墨水腔壁挤压变形从而喷出的。

压电喷头则是基于特定类型的压电晶体在接通电流再切断电流时膨胀或收缩的原理。这种膨胀/收缩将墨水腔变成一个泵，先将墨水装填进墨水腔，然后再喷射出墨滴（如图4-1）。根据受到电流强弱，喷射的墨滴呈现出相等或不等的尺寸。

印刷机内部电路板控制的弱小电流，形成电压驱动喷嘴按图形排成队列，在承印材料上每秒钟喷射出成千上百万的微小墨滴，从而形成图像。

如第2章所述，压电按需喷墨工艺可以是二值喷墨，也可以是灰度级喷墨。压电式按需喷墨可分为两种：二值喷墨（原始分辨率）和灰度级喷墨（有效分辨率）。在灰度级喷墨工艺中，墨滴体积会有变化，不像二值喷墨，墨滴喷出后总是同样大小（如图4-2）。同样分辨率情况下，灰度级喷墨印刷所达到的质量水平比二值喷墨更高。

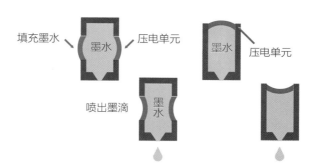

图4-1　压电晶体控制墨盒填充墨水并喷射墨滴的示意图

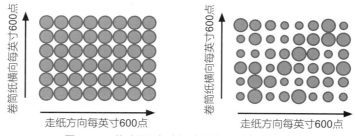

图4-2　二值喷墨和灰度级喷墨的不同效果示意图

不同墨滴体积（灰度级）可以添加不同颜色深度，从而提高感知印刷质量。高分辨率简化了系统集成构建，但也意味着更换打印头成本或许会增加。印刷质量、色域、设备可靠性、工作流程均受印刷速度影响。查看设备购置总价时，需要考虑更换打印头的成本、预计使用寿命、墨水成本（这一点仍是限制喷墨印刷机快速增长的关键因素之一）、维修养护费用以及供应商提供的支持服务水平等。

虽然喷墨印刷机生产厂家很多，但所用的打印喷头来回也就那么几个品牌，包括赛尔、京瓷、柯尼卡美能达、Fujifilm Samba，Fujifilm Dimatix、Memjet或柯达（爱普生是特例，他们有自己的专利打印头技术；而网屏公司自己研发了Equios）。使用相同打印头的印刷机，一般会具有差不多的分辨率和印刷速度。但也有厂家每色油墨采用两个打印头，或并排使用，使打印速度翻倍；或交替使用，使卷筒纸横向分辨率翻倍。

典型的打印喷头构造包括驱动电路、供墨系统以及最少一个、通常上百个自行连接到喷嘴的墨水腔，简单的说就是喷嘴板上的孔。每个供墨通道直径只有几十微米（通常20～50μm）。相对来讲，人类一根头发丝的直径是约80μm。压电喷头设计寿命通常与喷墨打印机寿命相当。

Memjet打印头技术与其他生产商的打印头有很大不同，其打印头采用独特的喷嘴和硅芯片结构，含有7万多个墨水喷嘴，可输出1600dpi的原始印刷分辨率，而其他生产商的打印头只有6000个喷嘴。Memjet产品首次进入标签市场是在2011年，迄今为止，他们的打印头已成功融入多个不同的喷墨印刷机品牌。

另一个与众不同的品牌是Bobst Mouvent，它将4个打印头集合成群：每个打印头装有自己独立的电路、供墨以及结构件。随着安装的打印头群数量的增加，系统也具有成长性。打印头群可以集合成一个模块化、可伸缩的矩阵。Mouvent印刷机最多可打印8种颜色。

根据印刷机所用的送纸系统，喷墨标签与包装印刷机主要有两种基本形式：
①静态卷筒纸印刷；
②连续卷筒纸印刷。

静态卷筒纸印刷，具有一系列优点：无需卷筒纸移动即可高质量印刷，间歇式印刷确保水性油墨的可靠性、硬件成本相较于印刷幅宽已至最低。相比这些优点，最大的缺点就是生产效率只有连续印刷的几分之一。

连续卷筒纸印刷生产效率最高，但有一系列缺点：因为需要更多的打印头导致硬件成本增加、卷筒料装卸需精准、打印头校准需精准、需要高性能的油墨循环系统。

为什么喷墨印刷比墨粉技术的市场占有率更高呢？因为它不仅具有媲美柔印的速度，而且中短版标签生产的成本更低。另外，它还具有以下特点：

①相比柔印，减少了油墨和材料浪费；

②大部分标准柔印材料均可使用；

③底涂和上光装置并非必需的标准配件；

④局部上光、上哑油或其他亮面工艺均适用；

⑤可按使用的墨水类型付费；

⑥可高速印刷可变数据文本；

⑦非接触印刷工艺，可在纺织材料上印刷，不影响织料；

⑧喷墨冷烫印和喷墨可印刷金属色墨水；

⑨数字喷墨白色可用于在普通纸上实现纹理效果；

⑩UL认证喷墨印刷机用墨水，可用于耐用型标签应用。

近年来，软件解决方案、印前、MIS、自动化及数字商业模式的发展一日千里，进一步拓展了喷墨印刷技术的市场应用和工艺用途。

有趣的是，近年来也出现了在现有柔性版印刷机上加装喷墨装置，从而以较低成本进入数字印刷市场的情况；还有的将喷墨印刷和传统印刷技术相结合，做成组合印刷生产线，以获取更大收益。稍后我们将在第7章进行详细阐述。

在详细讲述几大喷墨印刷机供应商以及当今市场主流的喷墨印刷机之前，我们需要根据采购价格、印刷颜色数量、印刷速度及性能，将目前喷墨印刷机主要分为三大类型：入门级、低成本CMYK标准四色印刷机，可选择有限的几个印后加工选配件，成本不超过25万美元；中等CMYK+白色喷墨印刷机，有更多印后加工选配件，平均价格在50万到80万美元；以及高性能

CMYK+OGV和白色喷墨印刷机，可加装各种印后加工选件，成本在100万美元及以上。

考虑投资喷墨印刷之前，需要先弄清楚哪种技术最适合您要打印的作业类型和应用领域。以往受优质和次级标签应用过于简单的限制，现在人们发现喷墨印刷可以很好地用于整个标签终端用户市场的标签生产。

虽然桌式和台式喷墨打印机在标签生产中也占据一席之地，但本书中并不做详细说明，稍后会提供几个例子仅做参考。

为帮助读者更好地了解喷墨印刷机的应用范围、类型及其功能，我们邀请几大主要印刷机生产商，提供其主流产品的基本性能和参数表，并适当进行文字或插图说明。提供所需对比性数据的供应商具体如下，我们先从多米诺公司开始。

4.1 喷墨数字印刷设备主要供应商

4.1.1 多米诺 N610i

Domino N610i印刷机（表4-1、图4-3）采用京瓷行业领先的非接触式喷墨印刷科技，并结合了操作员耳熟能详的传统柔印部件。该机用户界面友好，提供始终如一的高质量打印效果，它既有柔性版印刷的生产效率，又有数字工艺快速换件的灵活性。其令人印象深刻的产品特征包括：340mm的工业标准印刷幅宽，高达7种印刷颜色（包括不透明白色），原始印刷分辨率600dpi，且印刷速度高达70m/min。

据称N610i可提供市场上最高程度的不透明数字化白墨（不透明度72%），类似屏幕上看到的炫丽白，同时又具有数字工艺的灵活性。

表4-1　多米诺 N610i 印刷机的主要技术参数

打印头技术	京瓷压电喷墨
印刷色数	7色，含白色
分辨率	原始600dpi×600dpi
印刷宽度	340mm
数字前端（DFE）	Esko
印后加工选项	结合各种合作伙伴—MPS. ABG Int.，CEI，Lombardi，Spande，Grafotronic，Multitech等的离线、连线或混合型
印刷速度	50～70m/min

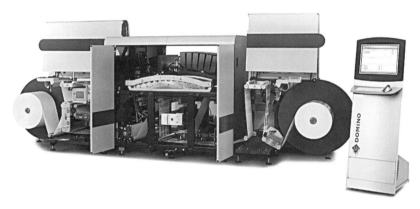

图4-3　多米诺N610i数字喷墨印刷机

　　该机装有一套大型开卷系统和自动升降装置，便于操作人员将卷筒纸料迅速装到印刷机上或卸下。可选配在线印后加工选件，也可组合使用。另有卷筒清洁、卷筒转向装置以及电晕处理装置，最大程度确保印刷质量。

　　多米诺N610i的应用领域包括食品和饮料、医药、安防、工业、汽车、卫生与保健、生活消费品、个人护理等。

4.1.2 道斯特 Durst Tau

道斯特Durst Tau 330 RSC（如图4-4）是一款UV数字喷墨标签和包装印刷机，印刷宽度为330mm（13in），卷纸宽度为350mm，印刷速度高达78m/min（255.10in/min）。

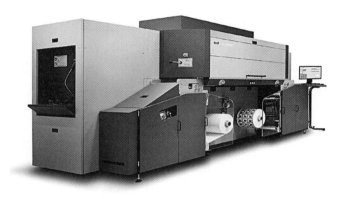

图4-4　Durst Tau 330 RSC印刷机

该机打印分辨率高达1200dpi×1200dpi，可实现每小时1485m^2（15984in^2/h）的生产能力。它装有8个印刷单元（CMYK+W+OVG）并采用新设计的Durst Tau高色浓度油墨，可提供媲美柔性版印刷的出色印刷质量，并模拟近95%的Pantone色彩空间，主要技术参数如表4-2所示。

表4-2　Durst Tau 330 RSC 印刷机的主要技术参数

打印头技术	Samba G3L
印刷色数	CMYK+白色+OVG
分辨率	原始：1200dpi×1200dpi
印刷宽度	350mm（13.7in）
数字前端（DFE）	Durst Workflow Label
印后加工选项	单机离线或近线带OMET Xjet
印刷速度	78m/min

Tau 330 RSC可作为单机脱机印刷，也可添加OMET XFlex-X6系列的传统印后加工配件作为组合型解决方案连线运作（详见第5章组合方案）。

4.1.3 爱普生 SurePress

Epson SurePress L-4533（图4-5）是一款低成本的全套数字标签印刷解决方案，它采用爱普生先进的微压电喷墨技术，具有宽广的色域表现，能精准还原客户指定的特别色和渐变色，满足优质标签和包装对品牌质量和色彩、短板和快速周转时间所需。它操作简便，自动印刷功能可实现无人操作应用。

图4-5　爱普生SurePress L-4533印刷机

该机使用的墨水、打印头以及控制器均由爱普生自行设计生产，从而使设备具有出色的稳定性、可靠性。爱普生工业级水性颜料墨水系统，采用一种涂敷树脂的金属颜料，完全符合REACH/CHCC/CMR/Prop65/Pop质量标准和要求。

SurePress印刷机支持各种承印材料，可在现成的柔印不干胶标签材料上印刷，包括无涂层、光面及半光面纸张、薄膜、乙烯树脂，以及各种经证实或未证实的印刷介质，其主要技术参数如表4-3所示。

表 4-3　爱普生 SurePress L-4533 印刷机的主要技术参数

打印头技术	爱普生专利压电喷头，采用水性树脂油墨
印刷色数	CMYK+白色，无涂层K，橙色、绿色（8色）白色可先可后
分辨率	可变高达720dpi×1440dpi 打印头原始分辨率360dpi×360dpi
印刷宽度	330mm（13in）
数字前端（DFE）	Wasatch RIP or Esko DFE
印后加工选项	第三方脱机加工
印刷速度	高达16ft/min（5m/min）

4.1.4 捷拉斯 Smartfire

捷拉斯Smartfire（图4-6）是一款简单易用、低成本的经济型标签印刷机，适用于任何作业环境，对想进入数字标签印刷市场的加工商来讲是一款完美的入门机型。它采用单一标准的即插即用式电源，不产生VOC，对通风没有特殊要求。

该机采用经现场认证的Memjet打印头及水性油墨，提供高达1600dpi的图像质量，并具有快速更换打印头的功能，其主要技术参数如表4-4所示。

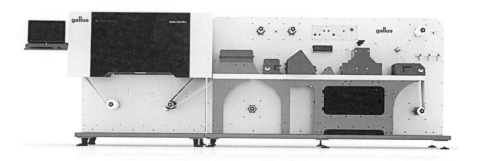

图4-6　捷拉斯Smartfire入门级数字标签印刷机

表 4-4　捷拉斯 Smartfire 主要技术参数

打印头技术	Memjet Sirius，水性　DoD热喷墨
印刷色数	CMYK
分辨率	1600dpi×1600dpi（高清模式） 1600dpi×800dpi（生产模式）
印刷宽度	最大230mm（最大印刷幅宽220mm） 最大9.05in（最大印刷幅宽8.66ft）
数字前端（DFE）	Caldera Grand Rip Version 12
印后加工选项	覆膜，图形切割，半轮转模切，复卷，分条
印刷速度	9m/min，29.53ft/min（高质模式）； 8.18m/min，59.06ft/min（生产模式）

4.1.5　网屏欧洲 Truepress

Truepress Jet L350UV+和Truepress JetL350UV +LM系列（图4-7），被称为同级别印刷机中操作最灵活、自动化程度最高的软包装和标签印刷系统：两款设备均支持非常宽广的印刷介质及应用范围，业内普遍反映它们可大大提高用户的生产效率，而低迁移Truepress Jet L350UV+LM系统更是将公司业务引入食品包装范畴。

图4-7　欧洲网屏Truepress印刷机

食品包装标签必须满足严格的安全标准。Truepress Jet L350UV+LM系统采用新型低迁移油墨，严格遵守《EuPIA欧盟食品包装印刷油墨指南》、瑞士条例以及雀巢指南。这种油墨显著降低了墨水迁移的风险并削弱了UV墨水的特殊异味。

除了标准CMYK四色和白墨，该机还支持橙色墨水作为选配色（表4-5）。工业用色通常需要再现高纯度的专色。

表4-5　欧洲网屏 Truepress 印刷机的主要技术参数

打印头技术	压电一次通过式印刷
印刷色数	6色
分辨率	600dpi×600dpi
印刷宽度	高达350mm（13.7in）
数字前端（DFE）	EQUIOS（网屏公司研发）
印后加工选项	接口可用
印刷速度	60m/min

越薄的印刷材料通常对热量越敏感，并易产生变形。Truepress Jet L350UV+装有创新的冷却管，可冷却承印材料并保持颜色的高稳定性和精细品质。该功能为标签生产开创了更加广阔的应用空间和潜力。

4.1.6　麦安迪 Digital Series HD

麦安迪Digital Series HD（图4-8）是一款工业级数字解决方案，集合了连线印后加工的灵活性、高分辨率的数字印刷质量，为用户提供一流的生产力。

图4-8　麦安迪Digital Series HD喷墨标签印刷机

　　该机可配备5~8种颜色油墨，并支持集成连线或前瞻性的近线加工选配件。对于刚进入数字印刷生产领域的加工商来讲，这套基础型卷到卷方案正是理想产品。随着数字业务的扩展，模块化的平台又使其能够转变成连线印后加工。

　　高色度油墨提供广泛的扩展色域（CMYK+OVG），配以现有的高着色白墨配方，可实现媲美圆网丝印的印刷质量。据麦安迪的产品研究报告称，该墨水的白色墨不透明度是柔印白墨的三倍，是传统EP白墨的两倍多，经检测其不透明度超过80%。使用数字白墨时无需牺牲打印速度，设备仍然以标准的240ft/min的速度运行（表4-6）。

表 4-6　麦安迪 Digital Series HD 印刷机的主要技术参数

打印头技术	Ricoh
印刷色数	8色CMYKOGV+白色
分辨率	1200dpi可视印刷分辨率
印刷宽度	336mm（13.25in） 330mm（13in）柔印宽度 318mm（12.5in）数字印刷宽度
数字前端（DFE）	麦安迪ProWORX
印后加工选项	所有传统柔印印后加工选件，表面整饰或独特工艺均可整合
印刷速度	73m/min（240fpm）

新型打印头技术采用模块化结构，可轻松实现1200dpi的工业级质量标准。Digital Series H还具有更多配置选项，比如三种打印头清洁方式：手动式、自动式以及半自动式。这一改变有效地减少了停机时间，改善了打印头清洁程度并降低了加工商成本。另外，设备还安装了可变数据打印（VDP）工具，以应对复杂的个性化市场需求。

4.1.7 Dantex PicoColour

PicoColour数字印刷机由Dantex公司研发设计（图4-9），旨在解决大品牌商对高附加值标签和包装印刷越来越多的需求。这是一套万能型高性价比、高生产力的印刷系统。该机首次亮相于2015年欧洲国际标签印刷展，采用UV油墨，可印刷CMYK+白色，另外可选配电晕和可变数据选件（表4-7）。

表 4-7　Dantex PicoColour 印刷机的主要技术参数

打印头技术	Xaar 1003
印刷色数	CMYK，CMYK+白色，白色+CMYK，CMYK+上光
分辨率	360dpi×360dpi
印刷宽度	336mm（13.25in） 330mm（13in）柔印宽度 318mm（12.5in）数字印刷宽度
数字前端（DFE）	Dantex PicoPIlot和Max Print DFE
印后加工选项	全轮转模切，清废，分条，电晕，连线覆膜，备用冷却辊
印刷速度	25m/min

该设备体积小，印品质量佳，生产效率高，以相当有竞争力的价格提供无与伦比的印刷效果。

Dantex公司还供应数字及传统印后加工设备、印前及印中解决方案、数字印版成像设备、干胶片系统、QC方案、印版清洁装置、泡棉胶带及套标等。

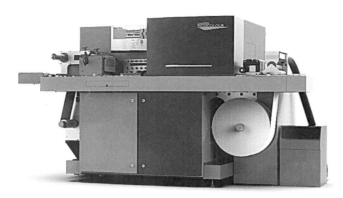

图4-9　Dantex PicoColour印刷机

4.1.8 赛康 Panther

最新面世的赛康Panther系列喷墨印刷机包括高端机型PX 3000印刷机（图4-10），打印幅宽为330mm（13in），和入门级机型PX 2000，打印幅宽为220mm（8.7in）。两款机型的最高印刷速度为50m/min（164.5ft/min），采用最理想的印刷宽度以追求最高的生产效率和生产量。两款机型都具有两种印刷色组数量配置，4色印刷机可现场升级为5色，使标签加工商可选择增加白墨（表4-8）。

表 4-8　赛康 PX3000 印刷机的主要技术参数

打印头技术	UV喷墨
印刷色数	CMYK+白色
分辨率	原始：600dpi
印刷宽度	220mm（8.6in）；330mm（13in）
数字前端（DFE）	Xeikon X-800
印后加工选项	脱机　独立
印刷速度	高达50m/min

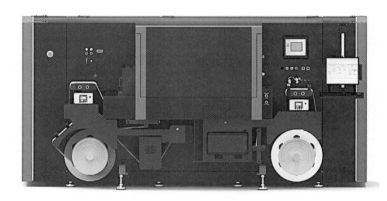

图4-10　赛康PX3000数字喷墨印刷机

X-800 6.0是赛康X-800系列最新款数字前端，主要用于印刷市场，它集出众且稳定的印刷质量和工业领先的生产力于一身，使数字印刷机以最快速、最灵活、最保险的方式为标签印刷商处理印刷活件，不论作业有多复杂。它可升级至所有赛康印刷机机型，从Panther UV喷墨印刷机PX3000和PX2000，到Xeikon 3000系列，再到Cheetah系列标签印刷机和Xeikon 8000与9000系列平面艺术市场常用机型。

该解决方案为印刷服务供应商大大减少了作业准备时间，转印操作实现了自动化，并为其开拓了以往只能用数字印刷机实现的新业务，例如可变数据印刷。

Panther系列印刷机由赛康Panther专利技术支持，采用独创的Panther CureUV油墨和强劲的赛康X-800数字前端。两款机型都是公司品牌质量、产品功能性、出色的印刷速度与喷墨技术的无限潜力相结合的结晶。

赛康为其UV喷墨印刷机研发了一种特殊的PantherCure UV墨水，该墨水采用LED光和汞灯UV光相结合的固化技术，具有几大优点，包括：更稳定持久的固化性能、更低能量消耗、固化光源使用寿命更长久，且曝光在承印材料上的热量有限，从而使其在热敏材料上也可以印刷。

这种墨水具有高耐光性，并且耐热、耐化学腐蚀、防水、耐磨耐刮擦，从而使其成为不干胶标签生产的理想产品，可广泛用于饮料、健康与美容、工业化学品、家用化学品以及工业市场。这种墨水还可以形成有触感整饰面以及3D外观，表面有均匀的光泽感。

　　赛康还为所有的EFI Jetrion印刷机（Xeikon Jetrion 4900M和Xeikon Jetrion 4950LX）提供检修、销售与支持服务。EFI公司仍将为这些数字印刷机生产墨水，并与赛康其他耗材一起供应和销售。同时，EFI还将继续生产和销售 Jetrion数字印刷机上所安装使用的EFI Fiery数字前端。赛康EFI Jetrion工业数字标签印刷机具有极佳的可扩展性，并提供最理想的运行成本、宽广的色域，它可直接喷印在承印材料上，印品具有良好的耐久性。

4.1.9 AstroNova/Trojan

　　Trojan T4（图4-11）是一款强大的、可以独立运行的高级数码标签印刷机。该机配备有精密的覆膜和半轮转模切单元，可实现全合一的标签生产。Trojan T4数字印刷与印后加工系统比同类印刷系统占用空间更小，整机实测长度不足2.3m。

　　Trojan T4印刷幅宽从50.8mm（2in）到223.52mm（8.8in），出色的印刷分

图4-11　Trojan T4标签印刷与印后加工设备

辨率最高可达1600dpi。Trojan T4令人印象深刻的印刷速度高达304.8mm/s。手动送纸时可自动调整时间和空间差（表4-9）。

表 4-9　Trojan T4 印刷机的主要技术参数

打印头技术	染料喷墨
印刷色数	CMYK
分辨率	高达1600dpi
印刷宽度	50.8mm（2in）～最高223.52mm（8.8in）
数字前端（DFE）	Trojan控制软件
印后加工选项	半轮转模切 覆膜机
印刷速度	150mm/s或300mm/s

Trojan T4是一款大容量的数码标签印刷系统，内部整合了印后加工单元并自带半轮转模切和精密覆膜单元。

4.1.10 KPG Europe 公司 Digicase DP 数字印刷机

KPG欧洲公司发布的Digicase DP印刷机（图4-12），专为聚酰胺人造食品级肠衣和皮袋，以及其他维也纳香肠产品的双面数字印刷而研发设计，将全天候（24/7）不停机生产与高品质印刷完美结合（表4-10）。

技术参数稍作调整后，该印刷机也可用于印刷不干胶标签、ABL/PBL隔离膜，以最大化利用印刷机效能。机身两侧各装有监控摄像头，以监测印刷质量。

该印刷机还可选择设计成双鼓式一次通过印刷，或单鼓式两次通过印刷。

该机采用UV阳离子自由基固化系统，热风和/或红外干燥，溶剂型和水性墨水均可适用。温控的断流装置（CID）和冷却辊是标准配置，可选件包括双面电晕处理及卷筒清洁单元。

表 4-10　KPG Digicase DP 的主要技术参数

打印头技术	京瓷、赛尔、Seiko或Ricoh以应用场合为准
印刷色数	CMYK+白色
分辨率	600dpi×600dpi，300dpi×600dpi，150dpi×600dpi
印刷宽度	260mm（10.2in）～350mm（13.8in）
数字前端（DFE）	Pdf和可变数据。 强化的工作流程和精准色彩匹配的Colourgate系统
印后加工选项	上光油、特殊涂层、全自动生产、双面印刷
印刷速度	机械：200m/min 打印：可变高达150m/min

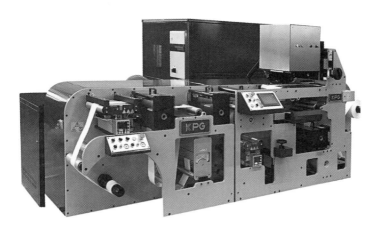

图4-12　Digicase DP喷墨印刷机

4.1.11 Industrial Solutions Ltd i-jet

　　喷墨解决方案公司（Inkjet Solutions）为客户提供黑白单色或CMYK四色喷墨打印引擎和工业喷墨印刷系统（Industrial Inkjet Solutions），并允许在现有窄幅和中幅卷筒纸印刷机进行改装使用。其中整合了连线设备，可以在预印或普通标签上打印可变数据和/或更换彩色图文。这一特色对于在品牌、市场、语言或产品等方面有差异化要求的印刷买家尤其具有吸引力。其他可加入喷墨打印模块并用于升级的装置包括：离线加工系统和检测单元等。

Inkjet Solutions还跟KPG欧洲公司合作，提供完整的CMYK印刷方案（图4-13），包括所有标准印后加工选件；卷到卷生产入门款。定制化印刷方案包括UV柔版上光和模切，外加多个经认证的印刷和印后加工功能模块（表4-11）。

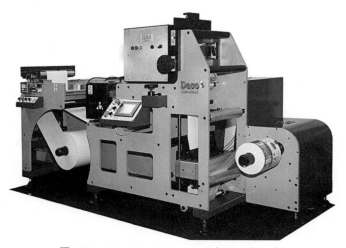

图4-13　Inkjet Solutions i-jet600与Daco加工台

表4-11　i-jet600 喷墨印刷机的主要技术参数

打印头技术	京瓷
印刷色数	CMYK +白色
分辨率	600dpi×600dpi，300dpi×600dpi，150dpi×600dpi
印刷宽度	108mm，260mm，350mm
数字前端（DFE）	标准为Pdf和可变数据 可用于强化工作流程和精准色彩匹配的Colourgate系统
印后加工选项	卷筒清洁，电晕，覆膜，全/半轮转模切，柔性版上光
印刷速度	机械：200m/min 打印：可变高达150m/min

Inkjet Solutions公司的i-jet720印刷机还提供触感油或白墨印刷，采用赛尔打印头技术，分辨率为720dpi×720dpi或360dpi×720dpi。印刷幅宽有多种选择，根据光油/白墨涂层重量，印刷速度最高为50m/min。

4.2　桌面式及台式数字喷墨打印机

本书并不打算详细介绍桌面式及台式数字喷墨打印机，但也会简单列出目前市面上畅销的几款，可能对某些标签加工商或对于家用标签小批量印刷具有一定参考作用。

4.2.1　派美雅（Primera）LX-series 彩色标签打印机

派美雅公司提供入门级以及中档标签和吊牌彩色打印机（图4-14、图4-15），可打印宽度自4.25～8.25in，采用CMYK四色热喷墨染料和高色浓度墨盒。部分型号还装载了Z-Color Matching软件。

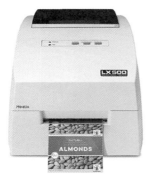

图4-14　Primera LX500打印机　　　图4-15　Primera LX2000打印机

4.2.2 VIPColor 技术有限公司

美国VIPColor公司提供专为工业及商业应用而设计的标签打印机（图4-16、图4-17），灵活适应各种打印需求，最低一个标签起印，最多每天可打印上千个标签。目前可购买型号包括VP750防水标签打印机，VIP700超值彩色标签打印机以及VP600小微型企业标签打印机。分辨率高达1600dpi×1600dpi，可输出打印宽度高达8.5in，采用Memjet打印头技术。

图4-16　VIPColor VP600打印机　　　图4-17　VIPColor VP700打印机

第 5 章

数字印后加工——
选择与商机

缩小自动化差距

数字标签印刷

印后加工技术的市场匹配

包装印后加工 联线还是离线

不同方案的优劣对比

未来行业发展的远大目标

如今的彩色数字印刷采用液体墨粉、干墨粉以及各种喷墨技术，大多数标签是印刷在不干胶卷筒材料上的，有4色、5色，最多有8色。印制好后，不干胶卷筒材料经模切分割成单个标签，复卷后标签即可投入使用。该工艺流程与传统标签印刷基本相同，只是可选配置更多。

数字标签印刷的模切和分切操作可采用不同方式，比如采用独立的单元近线或离线操作，或作为数字标签印刷和印后加工生产线的一部分联线操作。近年来，印后加工单元已经可集成到组合印刷生产线中，这些可选配置的简图可参考图5–1。

目前，数字标签印刷机的全球装机量多达4500台，其中三分之二安装在标签印刷行业，预计正采用离线或近线加工方式运行。惠普正是采用这种方式，由其合作供应商提供数字印后加工设备。其他数字印刷机生产商，比如赛康等喷墨印刷设备厂商，也在尝试不同方案，部分厂商还在打造完整的在线印刷和印后加工系统并简化长单活件的生产流程。

5.1 联线还是离线

以前，传统（柔版或凸版）标签印刷机采用联线印刷和印后加工方式即可达到高产高效，即使每个工艺所需时间和成效需提前设置，整体生产水平也在可接受范围内。

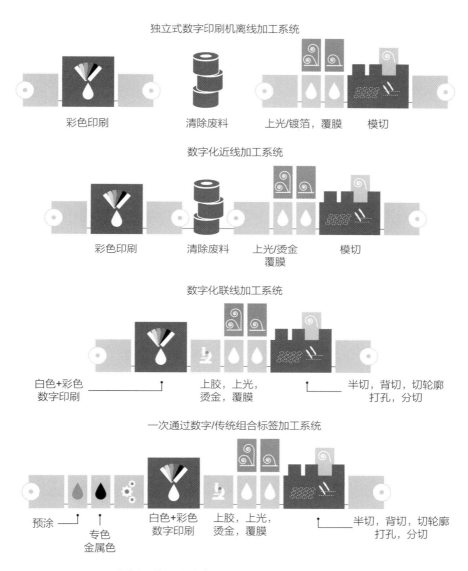

图5-1　数字印刷加工方式（上图以**FFEI**和佳能设备的图像为示例）

　　数字印刷生产方式下，工艺快速切换、限量版及多版本生产，甚至只打印一两份成为可能，也意味着将整套非柔性印后加工组件在线接入印刷设备的可行性更值得商榷，需要考虑各种因素。

　　联线操作可以极大地提高生产力，但需权衡材料浪费增多的可能，并评估负责印刷和印后加工操作员的能力，虽然柔印人员操作传统标签印刷设备也是如此。

　　历史经验表明，加工商一直尝试避免在高精度套准，以及各类需要多重分拣的复杂活件中使用联线加工。

　　联线操作一直是窄幅轮转印刷沿用多年的传统操作方式。但随着长版活件的减少与印后整饰复杂度的提高，这是否仍然是最有效的印刷和印后加工配置呢？从历史经验看，联线工序越多，准备设置时间越长，印刷单元空转的时间越长，印刷套准到下游工序时产生的废料也越多。随着印后加工过程的减速，印刷机的理论最高速度也降低了。

　　离线或近线加工显然也各有其优势，近70%的数字印刷活件仍继续采取离线加工方式，因为就目前来看，只有这种方式能为数字印后加工所需类型提供最大程度的灵活性。

　　如果印刷活件大部分只需柔性版上光和模切/分切处理，则联线加工或许是更佳选择。只需一次走纸，一个人工，成品活件从产线下来后即可准备运输。而当印后加工工艺不像印刷工艺那样灵活多变时（水性上光且模切形状相同），则联线加工也是最佳选择。仍然是一次走纸，一个人工，成品活件从产线下来后即可准备运输。

　　然而，印刷要求多变或印后加工生产线需要更多工序时（烫金、凹凸压印等），印后加工就极可能会将数字印刷速度拖慢，印刷速度每分钟50～80m就成为不可能。如果印后加工线工序切换和准备时间超过印刷工序切换时间，则离线加工或许更合理些。

　　为应对这些挑战，有些数字印刷机生产商与印后加工伙伴合作，调整印刷机和印后加工设备，使安装配置尽可能地灵活，从而使其可以从旁路连线接入印刷机上的复卷装置和加工线的开卷装置。根据要生产的具体作业活件，这些配置也可按需进行离线加工。

　　作业品种合适的话，联线加工会很有优势。加工商可实现从作业开始到结束一次操作完成。印刷机和印后加工单元之间无需重复上下卷筒纸料，印刷活件从联线的数字印刷机和印后加工线上下来后可直接进行运输。新一代数字标签印刷机运行更快，印刷和运输之间无需再经过单独的印后加工操作，这使其成为一项绝对优势：印刷机和产出不再因印后加工要求而大幅度减速。

改变人们对离线、近线以及联线加工态度的，是软件和自动化方面的进步，从而使加工线得以整合到现有的ERP系统，并自动设置分切复卷机、炮塔复卷机等。数据已经存入公司信息管理系统（MIS）。未来的技术核心是提取该数据，并将其用于离线和联线加工工艺自动化操作。

通过准确衔接计划进程中的换件，如今联线印刷机的停机时间已经几乎可忽略。甚至离线和近线加工，也可以从电子订单管理系统中提取关键数据，并使用订单上添加的条形码将加工设置自动化。通过直接扫描加工设备上的条形码，识别作业活件，并将技术参数输入印刷机设置。

能促进加工商差异化发展的自动化软件和刀具无疑是未来加工线发展的关键，包括投资自动化模块，减少开机启动时间，最大程度提高效率，工具例如自动装模、自动裁切、iScore自动裁边、炮塔式复卷和激光模切等，从这几个例子也能看出快节奏的数字印刷加工市场如今的发展态势。

当然，几大主流数字印刷机生产商，包括赛康、多米诺、道斯特，采用的是自动化和集成路线。将各工序都联线加工，也意味着可修改印前或调整图像以配合模切或热烫印，或将这些调整方式直接置于屏幕边缘。但如果作业已经印刷完成且仅需离线加工，则不适用。

选择使用联线还是离线加工，也取决于加工商在同时运行多少台数字印刷机。多台数字印刷机同时运行，则有利于实现一两套离线加工系统服务于3、4或5台数字印刷机；甚至传统印刷机需要进行复杂的印后加工时，也可为其提供加工服务。

重要的是，加工商在考虑投资数字印刷技术之初就应明确：选择联线、近线还是离线加工，取决于其客户要求、服务的市场、要印刷作业的复杂程度以及作业类型、现有数字印刷机数量、可用空间等因素。

建议对比一下联线和离线/近线加工的各自优势，如表5-1所示。

作业类型合适的话，采用激光模切技术联线加工也是可行的方案。如今，标签甚至折叠纸盒行业所用的激光模切技术已远胜于20多年前。现在的

表 5-1　不同印后加工方案的优劣对比

联线加工	离线 / 近线加工
一站式加工完成标签	应用最广泛
交货时间更短	更灵活
每班次完成活件更多	高精度套准或多品种跨印活件更佳
废料减少，节约时间和人工	设备无需减速即可运行多种加工工艺
开支减少	一条加工线可服务于两台或更多数字印刷机
投资回报快	

激光模切速度更快、效率更高、切割质量更好，如果应用类型和市场合适（多次换件、可用激光蚀刻、形状更复杂、需打孔等），可极大地降低加工商成本并带来增值机遇。本书第6章将详细阐述激光模切技术和设备及其优势。

近年来，组合型印刷系统越来越多地开始出现在市面上，并已形成一定的装机规模。这种系统是将两个或多个柔印（有时用丝印）单元连线整合进5～8个彩色数字印刷单元，外加各种印后加工选配件构成，加工效率更高，更节省时间和成本，创造力更强，边际效益更高。我们将在第7章阐述组合型印刷技术的这些方面。

5.2　印后加工选项范围

不论是平台式、轮转式、磁性滚筒式或有些情况下的数字印刷机，模切功能几乎是所有印刷机必须具备的基本配置，当然很多终端用户也肯定需要其他印后加工功能。因此不论离线、近线或联线数字加工，加工商必备功能都包括模切和分切，但绝大多数印刷机也要求具备上光单元，通常是UV柔版上光。

　　所以实际上，所有数字印刷机的印后加工操作都必须具备两大功能：模切和上光。目前已安装的几乎所有的印后加工装置都将这两项功能作为标准配置。这极大地促进了精准模切、分切、复卷以及卷筒纸上下料、修边和清废等印后加工设备的大力发展。

　　从根本上讲，用于不干胶标签生产的离线或近线印后加工设备基本都包括：

　　①一个开卷装置

　　②卷筒纸上下料

　　③UV柔版上光

　　④半轮转模切

　　⑤底纸压痕/切边

　　⑥清废与复卷

　　⑦分切并复卷已加工卷筒材料

　　这样，印刷机可以将作业活件一个接一个印刷完成，印好的卷料被送到印后加工单元（通常是"近线"单元），从而每个活件被分离、处理、再复卷，然后等待运输交货。

　　根据加工商所处市场区域，还需要其他印后操作。美容化妆品或酒水饮料行业需要添加冷/热烫印单元，或许该市场区域还需要添加压凹凸。医药领域需要添加序列编码或数字编码，有时需复合。这些都要添加到加工商的数字印刷印后加工系统的功能选项中。

　　归根结底，标签加工商希望构建一条有别于其他竞争者的加工线，或形成一套适用于某特定市场或多个市场、甚至核心市场应用或作业的印后加工方案。形成这种差异化所需要的重要工具一般都具有以下几个或全部特征：

　　①联线加工

　　②全轮转模切

　　③丝网印刷

　　④金属油墨印刷

　　⑤局部上光

⑥冷烫，热烫，压凹凸

⑦纸盒，泡罩包装，收缩套标

⑧包/袋印后加工

⑨机器视觉检测系统

⑩激光模切

如果加工商想构建一条数字化印后加工生产线，还需要仔细考虑到其他的项目，包括：用于数字印刷的模切机是否可使用加工商传统印刷机上安装的现有工具？同样，烫印单元是否可使用传统印刷机上现有的大部分工具？二者是否可并入烫印原料回收和废料清除装置？

显然，数字印后加工线都需要安装一个复卷机，或更常见的是安装带自动张力调整装置的分切复卷机；而独立式印后加工线，还需要包含一个带导纸机构的开卷单元，以便于高精度套准。部分加工线还可加入电晕处理和卷筒清洁装置。

根据InfoTrends的调查报告以及近期行业供应商分析报告，目前已装机的独立式彩色数字标签印刷机所使用的主要加工能力，如图5-2所示。

除图上所显示的具体印后加工功能，有些已安装数字印刷机的标签加工商还希望将一两项传统印刷工艺整合进加工生产线，以增加附加价值或特殊印刷效果，比如高档化妆品或酒水标签应用。可选件包括：全轮转或半轮转

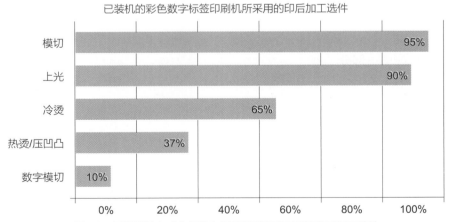

图5-2　已装机独立式全色数字标签印刷机所采用的印后加工选件

UV柔印或红外干燥装置；带伺服驱动套准控制的局部上光装置；平网或圆网丝印（丝网、网框和印前成本比平网更低）。

冷烫印目前已成功融入喷墨印后加工线。喷墨打印头将黏合剂喷到烫印物表面，完成冷烫的数字化改进。不利的一面是消耗件成本增加——油墨、光油、黏合剂的成本远高于客户和加工商在传统印刷机上支付的费用。这是成本问题，也是油墨供应商和粘合剂供应商的任务：在工艺更成熟之前将成本降下来。

根据生产商不同，其他选配件还包括漏标检测、废料粉碎、狭缝式涂布、背切压痕、折页、炮塔式复卷、超声粘接、导电油墨喷墨印刷、上光、冷/热覆膜、一体式摄像头检测系统、以JDF方式联接到数字前端以及配套的全自动柔性装卸模组。

看得出，加工商需要的几乎所有印后加工技术，现在都可由一个或多个生产厂家供应。因此建议加工商仔细查看各个生产厂家供应产品的不同，并将其与各自具体生产和客户要求进行匹配。最大程度挖掘这些选配件的潜力以提高其附加值并提升盈利能力，如今比其他任何时候都要迫切。

数字印刷机印后加工配置方面也有许多"灰色区域"。例如，有些印后加工系统的生产商也添加了数字印刷单元，有单色也有彩色；这样不论数字式还是传统印刷机都可以安装这些单元，从而强化成最新版本。在某些情况下，数字成像单元也可用于上光或3D涂布，取代柔印上光或丝印模块。

在台式数字打印方面，印后加工单元通常是作为整体数字印刷和印后加工生产线的一部分销售的。这种情况下，印后加工单元不会作为单独系统出售。

5.3 缩小自动化差距

印后加工无疑是数字印刷的"致命弱点"。虽然数字印刷可以迅速改变调整，但手动设置不干胶标签印后加工生产线也需要耗费时间，特别是在多工序活件的情况下。

未来行业发展的远大目标是全自动化（目前已开始逐步实现），即自动化装卸柔性模具、集成激光印后加工、自动设置背面压痕器、反复自动定位切割轮和分切刀等。炮塔式复卷机和数字化热烫印也将整合进数字印后加工生产线，以改善系统运行时间。

举例来讲，典型的手动切换所需时间一般是：柔性模具更换需2min，背面压痕器需2min，分切刀需5min，总计需要9min。采用自动设置，这些一共仅需45s。如果每个活件节约8min，每天加工12个活件，那么一个班次就能节省1.5h。

这种程度的自动化采用JDF联接驱动。MIS系统将文件发送到数字印后加工系统，包括重复长度、收卷轴直径等信息以及其他相关数据，模切线信息直接发送到激光模切装置。规划系统可自行识别哪些设备空转，并将文件发送到可用设备上。JMF将准确的作业成本信息和最新的生产信息自动更新到MIS系统，这些全部实时进行。

达到这种程度的自动化，数字印后加工肯定会出类拔萃，在未来的自动化程度会更高。激光切割和其他形式的数字印后加工形式也会越来越普及。当换单和作业设置自动化变得司空见惯时，离线或近线加工是否仍然是可用的选择呢？

5.4　印后加工技术的市场匹配

数字印刷印后加工设备如何配置，要取决于加工商具体服务于哪个行业市场。从历史角度来看，主流市场一直在食品、酒水及饮料、化妆品、健康与美容以及医药领域。

如今，随着喷墨技术和组合印刷机的增长，数字印刷和印后加工所服务的终端用户市场范围也在无限扩大，延伸到工业、园艺、保健品、营养品和营养药品、多层标签、背面印刷标签乃至更多领域。

部分更成熟些的数字终端用户市场对印后加工的要求大致如下：

5.4.1　食品业

对食品业来讲，目前已安装的大部分印后加工设备都相当简单，基本配置包括柔版、冷烫、上光以及半自动模切。

5.4.2　酒水饮料行业

在酒水饮料以及化妆品市场，印后加工通常更复杂些——人们越来越追求特色。数字与传统印刷机的竞争越来越加白热化，同样的加工功能也被添加到数字印后加工设备上，以便与传统印刷机竞争。

所以，该领域有很多厂家使用热烫印，一般是平压热烫或半自动热烫，两种系统各有利弊；还有印凹凸、冷烫或金属油墨印刷。

5.4.3 化妆品 / 保健与美容

像酒水行业一样，化妆品、美容与保健品的贴标也变得越来越复杂。同样，越来越多的印后加工选配件被添加到数字加工生产线上，跟传统印刷相抗衡，包括热烫、冷烫、金属油墨印刷、印凹凸等。

丝网印刷技术在化妆品和酒水市场也很走俏，它可以为产成品增加附加值或形成触感特色。

5.4.4 医药

在医药市场，数字加工生产线通常需要添加丝网印刷单元，有时候要添加柔性版，偶尔也需要加烫印。还可以添加全息烫印单元、或者序列编码或数字编码，使产品具有防伪特征。目标市场相同，可能还需要集成一套100%摄像头检测系统。另外，还可以添加数字盲文识别系统，——这是一种喷墨系统，可数字化记录每个凸起的盲文图像。

5.5 模块化系统及供应商

大多数数字印刷印后加工的设备供应商（或许全部）都提供模块化系统，以尽量减少初期投资，后期等加工商成长壮大后，或客户、应用市场有其他需求时，可添加或扩展其他印后加工选件或增值功能。

为本书提供技术参数和/或插图的各大领先数字印后加工设备供应商的信息，详见本章以下内容。

5.5.1 ABG 国际

如图5-3所示，该插图显示的是ABG国际Digicon Series 3模块化系统，可按照个性化需求进行定制，为各种印刷业务奠定了明显且有竞争力的优势。

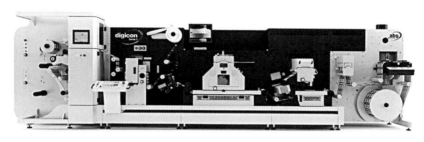

图5-3　Digicon Series 3全自动印后加工设备

可添加到Digicon上的模块包括插页、全息套印、双平台模压印花/烫印单元以及常规生产选配件，例如100%摄像头检测、冷热烫印、压印、模切、复合压膜、压片、丝网印刷、上光油、数字整饰。该设备的主要技术参数详见表5-2。

表 5-2　Digicon Series 3 的主要技术参数

配置	联线，离线，近线
印刷宽度	350mm
印刷速度	高达200m/min
加工选配件	模切，冷/热烫印，覆膜，压凹凸，上光，丝印，分切，数字整饰
处理的材料	大多数压敏材料 无支撑膜
其他应用	软包装
不适用材料	纸板

Digicon Series 3可用于离线、近线或联线配置，加工速度高达200m/min，幅宽350mm，非标签应用包括软包装行业。

ABG还供应一款入门级紧凑型数字印后加工系统Digicon Lite 3，如图5-4所示。它的功能和设计标准与大尺寸的市场领先机型Digicon Series 3几乎相同。半轮转模式下，其运行速度为64m/min，可联线（仅限从右到左）或单机运行。该机日常应用表现卓越，高峰时刻也可提供辅助产能。

想添加数字模切选配件的加工商也可安装激光模切系统（Digilase），相关技术参数和设备插图详见第6章。

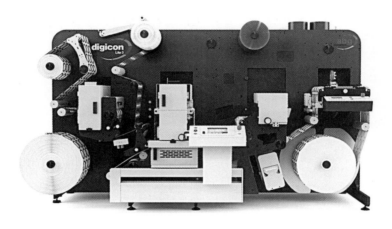

图5-4　Digicon Lite 3入门级印后加工系统

5.5.2 Cartes SRL.

Cartes（图5-5）供应各种离线和联线加工设备，适用宽度高达360mm，可安装热烫、丝印、柔版、上光、平压模切、半轮转模切、压凹凸单元以及独有的激光模切和印后加工系统。另外，还可安装开窗系统，双面胶带贴合设备以及其他功能选项（表5-3）。

Cartes GE360系列标签加工系统支持各种纸张及薄膜材料比如OPP、BOPP、PET等，以及无底纸材料、纸板及吊牌材料。

目前，Cartes设备已在全球90多个国家装机。想要投资数字模切的加工商，可前往第6章获取更多Cartes 300激光切割机的产品信息。

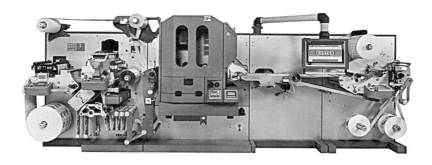

图5-5　Cartes GE362WL–DX-SX与惠普HP Indigo数字印刷机联线运行

表 5-3　Cartes GT360 平台的主要技术参数

配置	联线及离线加工
印刷宽度	高达360mm
印刷速度	高达80m/min
加工选配件	模切，热烫，覆膜，压凹凸，上光，丝印，分切
处理的材料	大多数不干胶材料 无底纸薄膜
其他应用	带底纸的纸张和薄膜，无底纸材料，收缩套标膜
不适用材料	收缩套标，纸盒，铝材等

5.5.3 Grafisk Maskinfabrik A/S

Grafisk Maskinfabrik（GM）公司始终走在市场前沿，该公司不断推出新款（图5-6）创新产品和印后加工方案，像联线加工、超紧凑加工线以及为新市场定制的印后加工产线，例如太阳能蓄电池柔版印刷单元。GM公司为不干胶标签加工及整饰行业提供先进的解决方案。为广大用户和市场供应各种设备，包括全套自动化印后加工生产线、热烫、丝印刷单元，模切机、激光模切机、分切复卷机、切单张机以及纸芯切割机等。

公司的核心产品及旗舰产品是DC330印后加工生产线，该产品有三个规格，可加装各种各样的选配件，并可根据客户选购的印刷机选择联线或离线模式运行（表5-4）。

DC330其他型号包括：DC330 MINIflex New，一款紧凑型全功能的联线、近线或离线加工单元；DC 330半轮转标签加工设备；IR330检测复检机；热烫及高档酒标丝印生产线。

图5-6 Grafisk Maskinfabrik DC330新款MINI机型

表 5-4 Grafisk Maskinfabrik DC330 新款 MINI 机型的主要技术参数

配置	联线及离线加工
印刷宽度	50～330mm
印刷速度	65m/min半轮转，72m/min全轮转
加工选配件	模切，电晕，卷筒清洁，覆膜，局部上光，高亮上光，冷烫，背切，全息镭射转移，分切与复卷
可处理的材料	范围广泛，包括纸张，PP，PE，PET，BOPP，Alufoil & Tyvek
其他应用	软包装，收缩套标

还可选择GM DC350（图5-7），一款整体式标签加工生产线，可离线、近线或联线运行，全轮转模式下运行速度高达90m/min。印后加工选配件范围广泛，包括高亮上光、自动分切、炮塔式复卷机以及多层和触感标签生产。

DC 350整体式标签加工生产线的主要技术参数，详见表5-5。GM激光切割及印后加工设备更多详情，请参考第6章内容。

图5-7　Grafisk Maskinfabrik DC350 一体式标签加工线

表 5-5　Grafisk Maskinfabrik DC350 一体式标签加工线的主要技术参数

配置	联线，离线，近线
印刷宽度	50～330mm
印刷速度	72m/min半轮转，90m/min全轮转
加工选配件	模切，电晕，卷筒清洁，覆膜，局部上光，高亮上光，冷烫，背切，全息镭射转移，分切与复卷，自动分条，炮塔式复卷，多层标签，触感标签轮转丝印
可处理的材料	范围广泛，包括纸张，PP，PE，PET，BOPP，Alufoil &Tyvek
其他应用	软包装，收缩套标

5.5.4 Grafotronic

　　Grafotronic DCL2（图5-8）全模块化数字加工生产线由全伺服驱动，专门为预印标签加工设计，并采用最新科技和部件构造而成。每个模块旨在发挥设备的最高性能，并将停机时间降至最低。

　　WiFi分切自动刀具定位系统使刀具设置时间仅需10s，柔印单元或收卷轴更换无需输入密钥或使用工具。

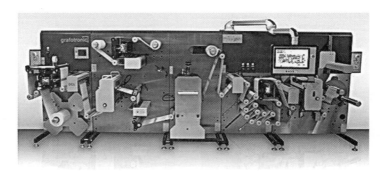

图5-8　Grafotronic DCL2数字加工生产线

表 5-6　Grafotronic DCL2 数字加工生产线的主要技术参数

配置	连接印刷机的联线缓冲区域
印刷宽度	50～330mm
印刷速度	全轮转200m/min（650in/min），半轮转70m/min（230in/min）
加工选配件	模切，上光，冷烫，UV柔印，电晕，Wifi分切，冷却辊，覆膜，自动换件
可处理的材料	塑料及玻璃纸不干胶材料 塑料薄膜和纸张
其他应用	纸张和软包装

该公司还供应一款新型SCF Super Compact超紧凑型数字标签印后加工设备。该设备是印后加工生产线的简化版，占地空间小，但仍能加工大部分数字印刷活件。

5.5.5 LABELTECH sas

Labeltech Stelvio（图5-9）是一款模块化印后加工设备，装有全轮转或半轮转模切用来套准。该机自带100%机器视觉检测，带有缓冲区和接纸器，可选配标识喷墨打印组件，用于正反面可变数据印刷（表5-7）。

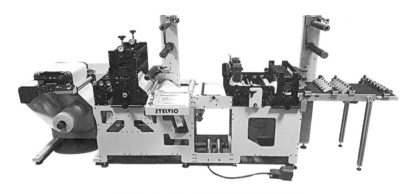

图5-9　Labeltech Stelvio离线加工设备

表 5-7　Labeltech Stelvio 离线加工设备的主要技术参数

配置方式	离线加工
印刷宽度	330-430mm（很快将达530mm）
印刷速度	全轮转100m/min；半轮转40m/min
加工选配件	模切，上光，烫印，局部上光，电晕
处理的材料	塑料及玻璃纸不干胶材料 塑料薄膜和纸张
其他应用	纸张和软包装

　　二合一自动分切定位系统，从轮转模切单元切换到刀式分切机只需几秒钟。可保存作业印刷习惯，以后通过名字、客户和关键词快速调出。可按照标签计数、卷筒纸长度、最终直径/张数叫停生产。远程服务包括快速故障检修。

　　单张纸和模内标签（IML）印刷可装配一套独立的双传送带以及一台两用收卷机，用于最终卷和模内标的废料处理。

5.5.6 Newfoil Machines 有限公司

　　该公司最新款NM系列机型采用多种独特的创新技术，使离线整饰和加工比连线系统更快捷、更简便、性价比更高。

专门设计的平台式系统，采用简易、低成本的刀具进行热烫印、压印和模切。有些小批量高价值的标签，需要印刷一些只能用平台式刀具形成的特殊效果，从而使这种平台式工具成为可行性选件。

Newfoil NM印后加工系统被设计成专门用于高档标签料转印加工的柔性平台（图5-10），预印处理可选择数字式也可选择传统印刷设备。

该机最大卷纸宽度为340mm，平网和柔印单元可联线接入，由伺服驱动热烫和压凹凸单元。

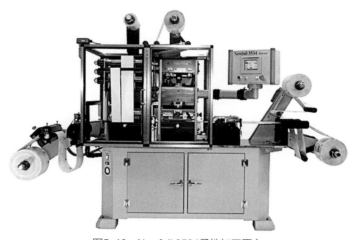

图5-10　Newfoil 3534柔性加工平台

表 5-8　Newfoil NM 系列的主要技术参数

配置方式	离线加工
印刷宽度	340mm
印刷速度	每小时18000张
加工选配件	热烫印，压膜，模切，压片，压印，编号，丝印，柔印，局部上光，电晕
处理的材料	卷筒形式的任何材料均可
其他应用	护腕，RFID嵌入,香氛样品包/袋，纸板，贴箔，压印，模切，烫印箔带

5.5.7 Prati

2016年美洲世界标签印刷展上，Prati公司发布的Digifast One（图5-11）是目前最先进的数字印后加工设备，标签处理速度高达80m/min，可按需要添加各种加工处理单元。操作可配置成从左至右，也可从右至左（表5-9）。

Digifast One设计宗旨是提高生产率，保障加工精度在极小公差内，并最小化活件转换的停机时间。该机采用直观控制，并具有一系列智能设计特色，使得全部设置时间缩短至仅8min。每次作业所产生的废料降低至18m以下，使得该设备成为短版印刷的精品。

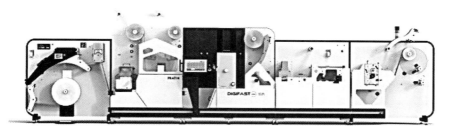

图5-11　Prati Digifast One印后加工工设备

表 5-9　Prati Digifast One 加工线的主要技术参数

配置方式	离线加工
印刷宽度	最大330mm（13inch）
印刷速度	全轮转150m/min；半轮转80m/min
加工选配件	模切、1/2个柔印单元，上光，冷烫，电晕，覆膜，微穿孔，喷墨
处理的材料	不干胶材料
其他应用	传单，折页，收纸台

5.6 包装印后加工

在讲述下一章激光模切技术之前，我们需要先看一些利用最新款数字包装印刷机生产折叠纸盒并采用传统宽幅印后加工设备的公司其发展情况，相关设备及供应商情况请参考第3章和第4章。

5.6.1 Bograma AG

瑞士生产厂家Bograma生产的BSR 550伺服轮转模切机（图5-12），采用柔性磁力模具，其原理与既有的轮转标签模切机相同，但幅面扩大至B2以上（高达550mm×750mm）（表5-10）。

BSR 550伺服设备有两个磁性滚筒，柔性模具或模切板以及纸张定位系统固定其上，以便套准。上滚筒装有一个模切刀和折痕线的公模，下滚筒装有一个带压痕槽和切割顶砧的母模。对于只做全切或半切处理的活件，可以用加硬切割板代替母模。

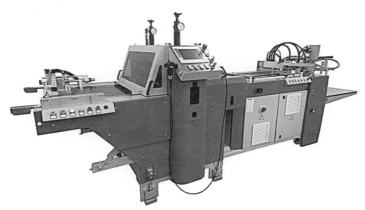

图5-12　Bograma BSR 550伺服系统

表 5-10 Bograma BSR 550 伺服型和基本型的主要技术参数

配置方式	BSR 550伺服：联线/离线和近线. BSR 550主机：近线和离线
印刷宽度	550mm（卷长最大750mm）
印刷速度	BSR 550 Servo: 12000r/h BSR 550 basic: 8000r/h
加工选配件	Bograma外围设备连接收纸和传送单元。可连接至折页、邮递及包装设备
处理的材料	纸张和纸板，厚度从80g/m²到最厚0.5mm
其他应用	裁切/模切，半切，折痕，打孔，压凹凸，贴地址，广告增刊，本册标签，折页，贺卡，折叠纸盒，单页或多页标签

更小巧且价格更具吸引力的BSR 550基本版，结构上采用离线方案，专门为需要更经济高效地生产中短版产品的用户而设计，也是为柔性连接选配件和技术层面缺乏优势的BSR 550伺服机型而设计。

个别产品从自动给纸机上传送到打孔区，由轮转式柔性模具打孔。一侧的纸张由带走珠导轨的对版台进行对齐。

走纸方向的位置精度由一套定位滚轮系统控制，从而使纸张无需停留即非常精准地经过打孔滚筒。

更换柔性模具时，整个模切和传送装置从模切区分离，从而保证最优的接入性。

5.6.2 KAMA GmbH

Kama最新款模切和整饰设备——Kama DC 76和ProCut 76 Foil，开机设置时间更少，可选配件更多，操作更舒适，且由伺服驱动。该机一上市即受到广泛好评，为折叠纸盒迅速增长的版本化和个性化需求以及"按需"交货提供高效的解决方案。

两款设备的主要技术参数详见表5-11。DC 76 Foil可采用离线或近线配置，纸张尺寸为760mm×600mm。印后加工可选配件包括模切、折痕、素

表5-11　KAMA DC 76 Foil SB 和 ProCut 58 烫印加工系统的主要技术参数

配置方式	DC 76 Foil SB：近线及离线 ProCut 58 Foil：离线
印刷宽度	DC 76 Foil SB: 760mm×600mm ProCut 58Foil: 580mm×400mm
印刷速度	DC 76 Foil SB: 5500张/h ProCut 58 Foil: 6000张/h
加工选配件	DC 76 Foil SB：模切，折痕，素压浮凸，热烫，全息，半切， 无工具连线清废与分离。 ProCut 58 Foil：模切，折痕，素压浮凸，热烫，凸版印刷， 全息应用，热塑。
处理的材料	纸张、硬纸板，微波，塑料
其他应用	纸盒印后加工和整饰

压浮凸、热烫、半切以及连线清废。

ProCut 58 Foil可离线运行，产量高达6000张/h，纸张尺寸580mm×400mm。印后加工可选配件包括模切、压痕、热烫、素压浮凸以及全息应用。

两款设备的插图详见图5-13和图5-14。

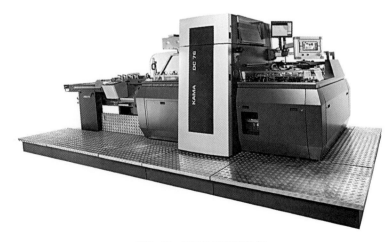

图5-13　KAMA DC 76设备

图5-14　带新进纸器的KAMA ProCut 58设备

5.6.3 纸箱和软包装激光模切和印后加工

折叠纸盒、瓦楞纸板以及软包装市场上可选购的最新激光系统，详情请
参考第6章。

第 6 章

激光模切与加工的潜力

激光切割技术规格

如何选激光切割系统

购买决策

激光模切机

展望未来

技术进步

维修方面需要作哪些考量呢

目前，不干胶标签的激光模切仍是一门新技术。激光模切机首次出现在国际标签展上（Labelexpo）的时间可追溯到20世纪90年代中期。首批设备不仅能将标签切割成形，还添加了激光蚀刻和开窗功能。该设备一上市就吸引了大量关注，但多数人认为它速度不快且成本较高，而且材料切口会有黄边的痕迹，还偶尔排废不及时。

虽然常常会造成加工产线延时，但激光模切能够按照需求改变标签形状，且用户无需为各种标签形状或尺寸分别购买昂贵的刀具，这些优点还是振奋了标签加工商们。

自早期面世以来，数字激光加工技术已发生了翻天覆地的变化。如今的标签激光模切技术，甚至包括折叠纸盒行业，远超过20多年前的水平。其速度更快、效率更高、切割质量更好，如用在合适的应用领域和市场，可明显降低加工商成本并创造增值机会。但激光模切和加工想要被标签加工企业广泛接受仍需时日，市场认知仍属早期，即使到今天，在折叠纸盒行业的广泛应用仍处于早期阶段。

为解决市场认知问题，并进一步强化激光切割技术给加工商带来的影响，2012年9月美国芝加哥史蒂芬会展中心举办的美洲国际标签展（Labelexpo）上，举行了一场激光模切技术研讨会。

该展会紧锣密鼓地筹备了6个多月，最难的是不仅要将各个激光切割机生产商齐聚一堂，还要使他们采用相同的承印材料、印刷文件和MIS系统，设置并切割出一样的型材，以便让标签加工商们对比、评估各个品牌设备的印制样品。确实，人们看到了近代激光切割技术的发展进步，哪些材料可用于加工，预印卷料如何套准，哪些复杂的形状能够切割出来，以及对切割速度有什么影响等。当然，像这种行业盛事是前所未有的。

这届激光切割研讨会的与会者和设备厂家包括：ABG国际、Spartanics、

Delta Industrial Services以及SEI Spa。

这届研讨会主要有四个目的:

①设置并运行每台激光切割机,便于优化切割性能和套准;

②了解预印卷料和工作流程解决方案如何通过激光切割机启用重新套准;

③探讨如何使复杂形状加工、开孔以及激光蚀刻功能价值最大化;

④对比四款不同厂家生产的激光切割机的模切效果。

研讨会期间展示的作业加工范围包括:聚丙烯面层加PET底纸的主流产品标签,镀铝膜上印制的工业标签,纸基底纸的空白标签料,以及各自随意选择自由印制的标签。不仅印刷作业不同,各作业中的标签形状和尺寸也各异。

各标签设计和模切文件的原稿由Esko公司的Esko Suite 12提供。至于优质标签,从预算到订单的全部信息由CERM公司的MIS系统以JDF格式发送到Esko和赛康,后者用一台Xeikon 330印刷机连线D-coat单元先预印处理,并将电子文档发送至各切割机厂家,由厂家进行模切或更改模切参数,同时发送到MIS供应商。

工业标签设计的三个版本仍然由Esko Suite 12处理,结合EFI Radius和EFI Jetrion共同完成,后面两者负责标签预印。卷料幅面上设计图样的多重粘贴由EFI完成,包括激光切割机用来进行模切套准的定位标记的生成,印刷期间表示logo变化和切割机改动的信息以及激光序列编码。

Esko Suite 12还准备了空白标签设计,包括用于切割单片中套准的定位标记。CERM业务管理和自动化系统向MIS工作流提供从预算到订单的全部信息,以JDF格式发送到Esko Suite 12工作流软件。

6.1 研讨会成果

那么这些研讨会达成哪些成果呢?今天是否仍然有效?需要说明的是,

激光切割机的采购商尽可以放心，业内主要供应商所提供的绝大部分知识和信息在未来几年仍有益于行业发展。印刷商/加工商从研讨会上学到些什么呢？无疑，从展会期间及展会结束后举办的一系列现场演示、展品展示和学术讨论中可以获取到很多信息。

总的来说，激光切割技术的主要特征和关键优势在研讨会上已经现场演示过，只是仍需时间来检验：

①首先，该技术100%省去了切割刀具。不论是平台式、轮转式或柔性设备，都不再需要模具。这就意味着无需等待安装新刀版、无需打磨刀具、无需工具保存。无切割刀具磨损问题，因此切割图案和切割深度始终保持不变。

②如果加工商模具数量够多，且一天要更换数次不同尺寸的切模，则激光切割就成为迫在眉睫需要选购的配件。

③免工具、非接触式激光生产，提供各种深度的切割可能，并包括半切、全切、切轮廓或复杂形状以及一次打孔成型。尤其适合需要特殊定位、容差，特殊尺寸或材料，采用传统标签模具很难或不可能做到的应用场合。

④据估算，采用激光切割的加工商在启动设置方面可节省高达60%的耗时。因为激光切割是全数字化工艺，图案更改很容易，只需从日志中调出打印文件，无需停机设置或建模。因此切割数据或图案可以设备运行中直接更改，无需停机。毫无疑问，在应对可持续发展的环境挑战时，这是一大优势。

⑤据现有标签加工用户预计，采用激光切割，时间和人工成本可节约高达40%~60%，这是所有加工商成本核算中的重要构成因素。

⑥如今的激光技术可用于切割任意形状和尺寸，甚至极小极复杂的尺寸和形状。实际上，激光切割机对尺寸没有任何限制；除此之外，卷料横向跨印的标签越多、形状越复杂多变，切割速度就越慢。

⑦激光模切适用于那些切割容差小、套准要求高、利用机器视觉检测及对齐的活件。

⑧激光机可切割大部分类型的承印材料，少有例外。切割时，激光无需接触承印材料。但是，PVC通常不适合，因为切割时发出的高温会造成有毒气体散出。最初铝箔也不在考虑范围内，因为其波长非常接近二氧化碳激

光。但有些激光系统目前已可以切割薄箔，总体来讲，现在激光已经可以切割几乎所有材料了。

⑨除了切割，激光系统还可用于蚀刻OCR光学字体、一维和二维条形码、连续或序列数字编号及编码。激光蚀刻对内容无限制，切削操作基本在一次走纸内完成。

⑩激光切割机可离线再套准卷纸筒，或连线集成到数字印刷机、传统标签印刷机，或集成到组合印刷机。

⑪传统模切所无法实现的增值方案，激光模切提供了很大可能，尤其是用于切割纠结而错综复杂的形状时。

⑫激光切割也可结合其他激光工艺使用，例如打孔、压痕、半切、蚀刻及烧蚀。

⑬采用喷墨数字印刷机或赛康印刷机时，印刷和激光切割长度不受限制，因此可用于扩展标签或条幅的印制。

⑭另外，采用喷墨或赛康技术作业时，可沿卷筒纸方向横向或纵向分批印制，以最大化短版生产，并可使标签多种尺寸和形状在一次操作内更改完成。

⑮激光切割也可用于不易加工的材料，例如研磨材料和黏合剂。可用于激光切割加工的材料现列明如下：

—PSA、聚酯、纸张、磨料、软木、泡沫材料、橡胶、氯丁橡胶、硅胶、PU、PE、PET、聚碳酸酯、聚乙烯、聚丙烯；

—薄箔、金属；

—复合聚酯材料或类似材料上的金属烧蚀材料；

—研磨材料、粘合剂、纤维、纸张、塑料、橡胶、纺织品；

⑯上光、涂布及覆膜处理后一般都切割得不错，甚至可提高切割质量，PET覆膜材料据说切割效果尤其好；

⑰激光的功率、加工速度、频率以及作业周期均可编入程序，从而使编程后的激光加工速度和切割质量达到最大化。

总的来讲，激光切割如今已经是现代标签加工车间内非常重要的组成部分，结合传统和数字印刷机，有助于提高材料和成本效益比率，降低浪费，并为产品提供增值机会，如：序列编码及数字编码、更复杂的形状和长度。

如今，激光切割工艺还有很大的发展空间，最新的激光切割工具功能各异，适用于各种操作和解决方案（取决于生产商），包括：

①半切

②分切

③打孔

④全切及清废

⑤图案及复杂形状切割

⑥压痕

⑦钻孔

⑧蚀刻

⑨烧蚀

⑩雕刻

⑪微穿孔

⑫方便开孔

⑬次品标记

⑭刻绘及序列编号

⑮编码

⑯半厚切割

⑰切割离型纸

⑱切割尖角

该技术将在行业的未来发展中具有重要作用，标签加工商在制定投资计划时需好好评估其优势和潜在商机。

6.2　实际考虑因素

　　显而易见，激光切割具有众多好处和优势，目前很多加工商已安装并用于标签、吊牌、门票等的印刷生产，并且越来越多的纸盒生产商也开始认可并安装。但在投资该技术之前，各种设备性能和维护保养方面的因素，例如温度控制、冷却要求、维修、安全等，也需要放大并仔细考量。

　　激光在运行时会产生高温，如果所在空间较小，则会使温度过热，从而只能间歇性作业。因此在制定投资决策时，应考虑场所类型、空间环境、通风条件或湿度控制等。

　　激光设备一般采用外部风冷冷却，冷却机组一般放置在激光设备附近。冷却单元会将热量疏散到周边区域，从而需要考虑建筑外的热气排放。这些包括：冷却单元管道系统采用硬管；水管尺寸要适当；为保证冷却机组功能运行稳定，还需要适当保持洁净。

　　维修方面需要作哪些考量呢？激光切割机需要有预防性保养计划，以保障其持续发挥功效和性能。根据设备供应商的保养方案，该计划包括过滤器更换、重新校准、设备检查、清洁、调准等。因此，加工商需要确保所需维护保养服务到位。

　　现代激光切割机不需要考虑其危险性，自身附带装置完备，不需要额外的防护性服装或护目镜。但是，仍然建议加工商指定一位了解激光操作潜在风险的员工，确保该员工会遵守安全流程，并且操作区要设置安全护栏，且确保其起到防护作用。

　　那么现代激光切割机有哪些品牌可选呢？印刷商/加工商应该如何制定投资购买决策？

6.3 激光切割技术及其技术规格

目前，市面上有大量公司供应激光切割机，可连接到卷筒纸标签印刷机或也可单独使用。本书将在本章以下内容介绍几款主要厂家，并附其产品的技术规格和插图。

6.3.1 ABG International

Digilase Series 3是款创新型数字印后加工设备（图6-1），采用最尖端的激光切割技术，不需要安装传统模切工具，从而节约了投资成本，并节省了设置启动时间、浪费以及存放空间，且无需沉重的手动升降装置。

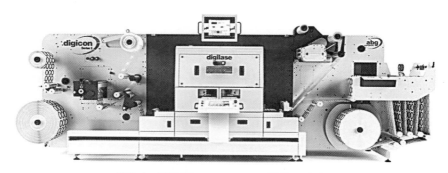

图6-1　ABG Digilase Series 3系列加工生产线

作业文件从印前部门将下载，然后机器进入待机状态。该设备还可以整合MIS系统，并可采用JDF和JMF文件保存作业数据。这意味着该机可以快速加工长、短版活件，使各种标签同一天交货成为可能。

Digilase Series 3系列加工生产线的技术参数如下：

①最大卷筒纸宽度330mm

②全轮转模切，半切，全切，雕刻，精细轮廓及复杂形状切割

③2×200W封闭式二氧化碳激光

④激光束120μm

⑤最高模切速度：100m/min

⑥冷却和烟雾回收装置

6.3.2 Cartes

　　Cartes是最早的将激光技术工业化并用于标签行业的生产商之一，如今其设备已在世界各地落户。Cartes Gemini 360系列激光模切机（图6-2）功率达到350W，可安装单激光源，也可以用双激光源。该公司的二氧化碳激光是目前市面上唯一的半封闭式激光源，性能可靠，切割能力耐久。Laser 350 Compact Dual是一款高效率、双激光源的紧凑型设备，切割路径速度高达700m/min。

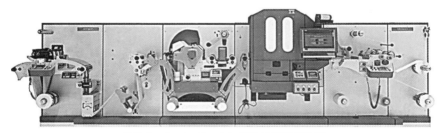

图6-2　Cartes Gemini 360系列激光模切机

　　该机最大特色是隐形激光切割（ILC）。它采用特殊的专利技术，可以切割印成黑色的标签，且切割后不带常见的"白边"痕迹。

Cartes Gemini 360系列激光模切机的技术参数如下：

①作业宽度360mm

②激光功率（单激光源）350W

③切割路径速度高达700m/min

④半封闭式二氧化碳激光

⑤激光束点：160~310μm

⑥应用：纸张及塑料薄膜

6.3.3 Delta ModTech

15年前，Delta ModTech（图6-3）就已经将边发射激光技术融入其加工系统。他们还供应FlexEDGE柔性激光平台，可采用联线或离线等多种方式配置，用于卷对卷或单张纸印刷机的生产和研发。

可激光切割的材料范围包括PSA、聚酯、纸张、磨料、软木、泡沫材料、橡胶、氯丁橡胶、硅胶、PU、PE、PET、VHB、聚碳酸酯、聚乙烯、聚丙烯、薄箔、金属、复合聚酯材料或类似材料上的金属烧蚀材料、研磨材料、不干胶、纤维、纸张、塑料、橡胶及纺织品等。

采用边发射激光技术的加工/整饰选配件包括：烧蚀，半切、全切/清废，穿孔，钻孔，分切，压痕，刻绘/序列编码和次品标记。

图6-3　Delta ModTech边发射激光切割机

边发射激光技术的设备参数如下：

①作业卷材/纸张宽度高达700mm×700mm（27.5in×27.5in），即单激光头辐射范围

②运行/切割速度：7500mm/s

③高效、可靠、低维护成本的二氧化碳激光，IR/UV光源。光纤。

④功率10～2500W

⑤触屏式设计，交互式图像

⑥切割形式多样，包括打孔、半切、全切、烧蚀

⑦伺服控制的激光模块再定位

6.3.4 Grafisk Maskinfabrik（GM）

Grafisk Maskinfabrik LC330（图6-4）是款紧凑的经济型全数字化激光印后加工设备，带单头脉冲二氧化碳激光，功率为150～400W。

数据文件从印前部门下载，同时激光模块进入待机状态。设备可选择装配条形码读取器，加载当前作业更快速。

图6-4　GM LC330紧凑型激光加工机

LC330紧凑型激光加工机可用于各种加工选配件，包括激光模切、电晕处理、卷筒清洁、高亮上光、局部上光、覆膜、冷烫、镭射转移、背面压痕、分切、自动分切、复卷，转、炮塔式复卷。

LC330的技术参数如下：

①最高运行速度高达72m/min。切割速度具体取决于标签形状和激光器功率，最高为72m/min。

②适用的卷筒纸宽度：50~330mm卷筒纸

③功率范围150~400W

④采用单头脉冲二氧化碳激光器

⑤可离线运行或连线运行

⑥承印材料厚度范围：50~200g/m²

6.3.5 SEI Laser

SEI Labelmaster（图6-5）是一款非常先进的模块化激光系统，用于包装和贴标行业卷料加工处理。对传统印刷加工和数字印后加工都是非常好的模块化解决方案。用户可以在购买Labelmaster时或购买后定制安装一系列选配部件进行升级和改装。印后加工生产线选配件包括：激光模切/编码/微穿孔、半轮转模切、半轮转柔印上光/印刷、半轮转热烫印、表面覆膜、自卷/底纸覆膜、标签转换器、检测台、切单张、分条等。

图6-5　SEI Labelmaster模块化激光加工系统

Labelmaster的技术参数如下：

①运行速度超过100m/min

②半轮转热烫带铝箔回收装置，表面覆膜，UV柔印，切单张，编码

③分切装置多达18把刀

④烟雾排放，电晕单元

⑤加工纸，光面铜版纸，PET，PP，BOPP

⑥卷轴速度最高100m/min

6.3.6　Spartanics

Spartanics L-系列激光切割机（图6-6）采用最先进的质量和深度控制软件，用于处理复杂的激光切割，可处理材料包括聚酯、聚丙烯、聚碳酸酯、纸张以及其他承印材料。该设备装有一个封闭式二氧化碳激光器，激光束斑点尺寸为210μm，通过标记时不产生烧灼或变色痕迹。Spartanics优化软件将模切文件导入设备程序。新打印任务的设置时间不超过5min；如果通过读取条形码进行任务转换，则设置时间为零。

该公司专注于该领域已有50多年，是激光切割领域公认的领导型企业。其激光加工系统应用市场包括标签、包装、医学应用、直邮、汽车、垫片和研磨材料。

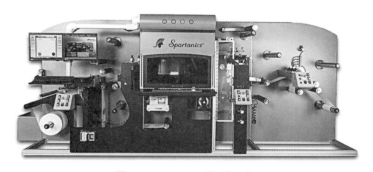

图6-6　Spartanics激光切割机

Spartanics L-系列激光切割机的主要技术参数如下：

①加工宽度高达600mm

②最高卷纸走速：100m/min

③印品切割XY轴校准误差在±0.1mm以内

④运行中可进行作业转换

⑤封闭式二氧化碳激光，激光束斑点尺寸为210μm

⑥激光功率：400W

6.4 标签业如何选择激光切割系统

从上可以看出，市面上已有大量价格实惠的激光切割设备供标签加工商进行选择。而在投资激光切割机时，加工商也面临着如何确保其购买的设备能够最佳匹配他们的标签生产要求的巨大挑战，且应尽量避免那些软件已淘汰或设计特色已过时的激光切割机。

当然，自早期激光切割系统上市以来，不论软件还是硬件技术都发生了翻天覆地的变化，特别是最新款设备，用户界面更加友好、运行速度更快且切割精度更高。

加工商还需要避免大部分标签模切应用中不需要的额外成本（高端零部件费用要高20%以上）。如果软件工程和系统集成能够完美结合，那么成本效益体系仍可以产生高品质的输出效果。

标签加工商在考虑投资激光切割时，需要了解很多方面的信息，如图6-7所示，以下将详细说明。

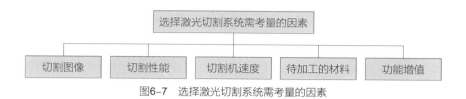

图6-7　选择激光切割系统需考量的因素

6.4.1　切割图像

激光切割机可处理任何数字化的矢量图像，也可能是Esko系统生成的，并将矢量图导入切割机的操作软件，在几分钟内即生成作业设置。数字模切由此得名。具有数字激光切割功能的数字标签印刷机，可在非常短的时间内将原图转变成成品印刷乃至模切标签。

从一个图像到另一个图像的作业切换目前已不再是问题，采用最新激光切割技术的话速度会更快，因为当前作业还在处理中时，下一个作业任务已经可以加载了。而且可以上传更大尺寸的模切式样，以及用于测试小量材料样品的静态式样。图像可轻松印制在卷纸横向幅面上，选好材料切割类型和切割路径后，切割机就可以作业了。

现在，有些激光切割系统带手动模式和快速模式切换功能，并可保存上百万的图像式样，还可联网到美工部或互联网，新建的切割式样板可立即传送给操作员。

供应商可选择将软件装入设备，操作员导入或新建刀模线式样、编辑刀模线式样，然后在虚拟设备上测试刀模线切割效果，之后再进入成品的实际生产。

6.4.2　切割性能

用于模切标签的激光切割系统一般会严格控制激光，激光束斑点尺寸不超过210μm，且激光控制软件能够确保标签在切割时不会温度过高。如果不能控制热度，胶粘层可能会融化并导致离型纸和标签粘连在一起，而等到需要使用时就不能很好地分开。

显然，不能使标签应用自动化更轻松的激光切割系统是不值得考虑或投资的。控制不良的激光切割机，对不干胶上的胶粘层和清废工序是不利的。

优质激光切割系统不应该展现出任何烧穿痕迹，应该能够在易产生碎屑的窄切割区进行切割，且边缘没有任何锯齿迹象，这种锯齿边经常在老式激光切割机上发生。因此，最好是采用封闭式激光管，以达到最佳切割效果。

6.4.3 切割速度

相比早期上市的老款，如今的激光切割机速度已经快了很多，且不仅仅应用于原图设计，目前更多地用于全速生产模切标签。根据需要，它们可以快速做出微调，围绕标签设计移动激光束进行切割。激光的功率越高，应用到大部分标签切割时的切割速度越快。八九年前价格高的离谱的400W以上的切割机，如今价格已经非常优惠。

然而，激光切割机最重要的考量因素不是实际线性切割速度，而是卷筒纸走过激光切割机的速度，这取决于原稿复杂程度以及软件对切割操作的优化程度。显然，最好的激光切割机能够通过软件自动优化切割顺序，以最大化走纸速度。

切割速度取决于一系列变量因素，包括材料厚度、所需切割量、小半径曲线量、切割形状复杂程度、轴向上的标签数量、特性跳转数量等。AGB国际提供了一个达到最大卷筒纸切割速度的案例，如图6-8所示。

6.4.4 待加工材料

由于传统机械切割总是需要实际接触到承印材料，因此受很多因素限制，而激光切割可以加工很多机械切割困难或不能切割的材料，例如很薄的

标签形状	标签尺寸	标签设计	轴向拼版方式	卷筒走速 /（m/min）
圆形	直径150mm		1个	85
圆形	直径140mm		2个	60
圆形	直径20mm		10个	10
矩形	75mm × 30mm		3个	30
矩形	94mm × 44mm		4个	30
矩形	50mm × 50mm		4个	40

图6-8　切割速度取决于材料厚度、切割形状复杂度、小半径曲线量和轴向上的标签数量

承印材料、研磨材料以及胶粘材料等。

　　甚至曾一度被认为激光也不能切割的PVC和聚碳酸酯材料，如今也可以成功处理了。话虽如此，但激光切割时往往会产生不同程度的废气烟尘和颗粒物，所以需要在切割机上安装过滤系统，将部分材料产生的有害烟尘清除掉。有些生产商将层流烟尘控制作为标准配置，以尽量将激光镜片上的碎屑沉积和对作业环境的污染降低到最小。

6.4.5 技术进步

　　最新款激光切割机在技术进步与升级方面主要表现为校准精度更高，操作界面采用新型人性化触摸屏设计，切割速度更快且切割精度更高，Z轴协作诊断更详细，张力控制更佳，材料文件校准度更好。

图6-9　复杂角度形状和剪影区的激光切割

6.4.6 性能增值

激光切割技术的重要优势之一，除了标签模切成型外，还在于它可以在同一卷纸工次内全方位地添加和/或附加价值，包括连续编号、半切、雕刻、锐角及复杂形状激光切割、剪影区以及离型纸切割。

通常离线激光模切会结合分切、检测以及收卷系统使用。

6.4.7 展望未来

光学与激光的未来发展是令人振奋的。薄膜和不干胶材料的波长合适的话，切割效果会更好。随着生产商不断地开拓和匹配更好的光学器件和波长系统，会有越来越多的承印材料适用，切割深度也会更精确，材料的可选范围会更广。所以，随着承印材料的发展演化和改变，这些发展无疑为越来越多的数字加工标签在未来铺平了一条金光大道。

6.5 折叠纸盒行业的数字印后加工技术创新

随着折叠纸盒业需要的印刷单量越来越少，各种版本和变化要求越来越多，上市甚至试营销和试样品发布时间要求越来越少，印刷机和印后加工设备生产商需要进一步减少启动设置时间，加速作业切换并不断提高改善生产效率。

传统模拟印刷机生产商，像KBA和HDM，不仅在短版包装印刷目标市场仍然占有重要的地位，而且还在不断推出新的、更高效率的印刷机款型。而在德鲁巴印刷展和世界标签印刷展（Labelexpo）上，几家全球领先的数字印刷机生产商，包括海德堡、惠普、赛康、施乐、网屏以及兰达也发布了大量创新性的新款单张纸和卷筒纸折叠纸盒印刷机。

当然，近年来数字创新无疑很大部分集中在包装印刷行业；崭新的未来引领折叠纸盒行业更加符合品牌商对更高效率、更高性价比、更短上市时间和更低库存量，以及更灵活且更加重视可持续发展的供应链的需求。

虽然模拟和数字印刷技术的演变使品牌商的需求更加切合实际，但折叠纸盒供应链仍缺失重要的一环，即如何减少活件之间的周转时间、加快折叠纸盒的模切与压痕操作。理想的情况是：解决方案可以提高生产灵活度，有更多创新和创意设计潜力，并希望也能提高生产效率。

Highcon Euclid III（图6-10）是以色列Highcon公司开发的第三代数字模切压痕机，从而开创了数字化折叠纸盒模切与压痕在高端应用领域的新商机。它也可以作为印后加工单元安装于传统印刷机。

由Highcon自己的专利数字粘胶控制技术（Digital Adhesive Rule Technology，DART）支持，Highcon Euclid采用大功率二氧化碳激光，结合扫描器和高级光学元件，按DXF文件排版设计进行切割操作。

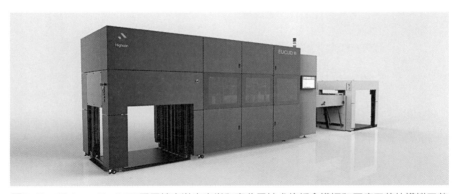

图6-10　Highcon Euclid III采用精密激光光学和高分子技术将纸盒模切和压痕工艺从模拟工艺转至数字工艺流程

这样，将纸箱模切和压痕操作从模拟转到数字工作流程中，无需安装传统模具，使印后加工明显变得流畅起来。压痕线很快形成，同时，一组带精密光学元件的激光器高质高速地展开切割作业。

Highcon还开发了直接包装（Direct To Pack）方案，该方案不使用传统刀模具，而采用全新切割技术，单凭数字化信息即可在纸板上实现高品质的模切和压痕作业。为此，由Esko ArtiosCAD软件导出的标准印前DXF文件，其包含模切和压痕两层信息（一层压痕数据，一层激光切割数据）。

压痕层信息用于快速建立Highcon Dart，将Dart聚合物按规则涂在压痕滚筒的铝箔上，几分钟内即形成高质量的压痕线，无需传统模具，详见图6-11。Dart成形后，设备即可投入生产。全部设置时间为15min左右。

第二数据层用来控制三个二氧化碳激光器以及一套创新型光学扫描系统，从而使纸板在堆垛前能够高品质高速度地模切和打孔，最高速度为5000张/h，具体取决于设备型号、切割线长度、承印材料类型以及作业复杂度。

Highcon设备的型号分为纸板加工和标签加工，有B2/B9幅面，也可用于瓦楞纸板的数字切割和压痕。

无疑，对于品牌商和折叠纸盒及瓦楞纸箱加工商来讲，这项革命性的新技术使得响应式交货速度更快、交货量更大，产品版本更多、商机更多，印刷单量更短且有更多创意性设计。剪影及装饰性切割也可轻松并快速地实现。

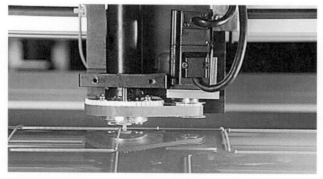

图6-11　Dart聚合物按规则涂在压痕滚筒的铝箔上，无需传统模具，几分钟内即形成高质量的压痕线

6.6　LASX CARTONSINMINUTES

LASX CARTONSINMINUTES是一款创新型联线数字印后加工方案（图6-12），用于优化生产工艺流程、提高折叠纸盒生产力并实现快速作业转换。单张纸激光处理与连线折页/涂胶单元以及机械手上下料（自动脱料）组合使用。自定义传送带输出配置可按客户要求进行设置。

图6-12　CartonsInMinutes系统

精细复杂的设计无需模具或更改设置，使用条形码扫描即可启动快速作业转换。最多可安装三个激光器，以强化系统功能和产量。

CartonsInMinutes系统采用数字化印刷材料，可在1min内实现成品纸盒的印后加工，而传统加工技术可能需要几天甚至是几周才能完成。由于激光处理技术节省了机械模具的成本和设备设置时间，不夸张地说，客户通过设计终稿后几分钟之内，成品纸盒即可加工完成并用于交货运输。

6.7 软包装和纸盒激光压痕

软包装激光压痕，包括使用聚焦激光束将基材表面特定部分去除、软化材料并使其可轻松折叠或撕开。目前激光压痕已应用在很多场合，包装行业最突出的应用是软包装。这些应用都是在薄膜基材上进行激光压痕或打孔，在包装顶部做一条可控的撕拉线，即易开口包装。包装薄膜的压痕深度需精确到可以软化薄膜材料的特定层而不影响包装的阻隔层或性能。其中一家可以提供该技术的公司是LasX，他们的LaserSharp激光压痕机可进行各种加工应用，包括卷筒轴向直线压痕、卷筒纵向（机器走向或走纸方向）直线压痕、机器方向异形压痕、卷筒轴向图案成型等。

该设备的加工能力为软包装行业新增了一系列的易开口特色功能，像撕拉条、简易倒口、封口袋、可重复密封袋、微波可用包装以及可剥离开口。不论多独特的易开口特征，只要压痕机精确套准印刷，均可被设计成包装形式。

压痕是在软包装膜上气化特定区域形成的，在材料表面形成一条窄条带，用于稍后撕开。激光将材料的指定层软化以便生成压痕线，且不影响软包装膜的阻隔性能。卷筒轴向直线压痕、卷筒纵向（机器走向）直线压痕、机器方向异形压痕以及卷筒轴向图案成型均可在单次生产周期内加工完成。

压痕机可精确对准产品包装后印刷压痕线。套准传感器和视觉摄像头直接集成到LaserSharp®数字加工系统，自动控制加工操作响应印刷提示，以确保图案的准确性。激光压痕设备可集成到客户现有或新购买的分切机/复卷机或打孔机上。软包装最适合使用小功率二氧化碳激光器，因为这种激光器非常适合加工相对薄的膜材料，生产性价比

图6-13 软包装激光打孔使包袋开口处可轻松撕开

高、占地空间小、维护保养费用低、稳定性又高。

除了软包装压痕，LasX多功能激光压痕设备还可以帮助纸盒生产商切割折叠纸盒边框以及折叠线压痕、折叠纸盒开缝或复杂图案成型等，一站式完成。也可以添加激光切割易开口功能，包括打孔、撕拉线、或倒口，加工商无需添加刀具、不产生额外成本即可轻松取到内容物。另外，对于复杂图案，LasX Contour Creations工艺可采用激光沿折线压痕，使其具备易开口特征，例如打孔或拉链式开口。

6.8　确保最佳性能

激光切割设备的性能和操作流程对标签、软包装及纸盒加工厂也提出了一系列新的要求，这些在传统一体式或柔性组合工具模切操作中是没有的。这些新的要求包括需要进行温度/气候控制、通风排废以及安全考量。

激光切割机并不使用任何一体式、套筒式、组合式柔性刀具或硬钢刀片，而是采用光与材料的不同反应。激光切割操作的副作用是会产生烟尘，因此它有与众不同的安装要求，比如通风。

激光通过烧蚀切割标签或纸板材料，热量的产生不可避免，所以需要一个湿度低且气候可控的环境，以利于保持激光的稳定性。激光喜欢稳定的大气温度，因为它不像金属刀具，激光器内含有高科技零部件，对热量非常敏感。

以往的操作经验表明，激光切割在温度升高到100℃以后会中断作业；冷却液温度低于空气露点温度后甚至会产生灾难性后果。激光切割室内环境温度取决于设备放置位置、具体通风类型和温度控制单元，这些都是设备正常运行所需要求。

激光设备一般采用外部风冷冷却，冷却机组一般会放置在激光设备附近。冷却单元会将热量疏散到周边区域，从而需要考虑建筑外的热气排放；冷却单元管道系统采用硬管；水管尺寸要适当；为保证冷却设备运行稳定，还需要适度保持洁净。

为保障激光器的使用寿命，建议每年进行防护性检修。在健康和安全方面，激光器自身附带装置完备，不需要额外的个人防护性装备。操作员无需护目镜或防护服。但是，出于安全考虑，仍然建议加工商指定一位了解激光操作潜在危险的员工来操作，并对其他员工培训激光操作的潜在风险。

第 7 章

投资组合印刷解决方案

组合印刷机是什么？

组合印刷

投资组合印刷机的益处

组合印刷方案

喷墨单元

包装印刷

金属油墨印刷

回顾过去二三十年，迄今为止已安装的大部分数字标签印刷机都是采用静电成像或喷墨技术。而近年来，大部分传统印刷机生产商已转至生产新一代柔性版印刷和印后加工设备，有些厂商还集成了丝网印刷。这样，一条完整的生产线可能含有4、5或更多个喷墨印刷单元。这种设备目前被称为"组合（hybrid）"印刷机，成为数字印刷的一个新发展，虽然多工艺印刷机本身并非新产品。

集成两种或两种以上（模拟）印刷工艺并与一系列印后加工单元，包括冷/热烫印、压凹凸、上光、分条以及模切等联线生产的标签印刷机，早已诞生并投入使用了很长一段时间。的确，组合工艺将轮转丝印、轮转凸版印刷和/或UV柔版印刷以及增值加工选项组合在一起，用于奢侈品品牌长版印刷已有差不多30年的历史，尤其是酒水饮料、化妆品以及其他高附加值货品的标签生产。

但是，目前很多奢侈品品牌市场的标签正在向更小批量、更多版本或变化、可变数据文本或图形、个性化定制以及更大的创意自由方面发展。另外，市场促销计划更加如火如荼，品牌商们也在探索如何以更好、更新潮时尚的办法与消费者连接，包括采用电子商务解决方案。

正是这些不断改变的印刷单量和增值功能、可变性及创意性要求给传统标签印刷机市场带来越来越多的冲击和挑战。柔性版印刷机，甚至带有快速切换以及自动设置功能的组合型传统印刷机，这两种印刷和印后加工设备在某种程度上都可以满足品牌需求，但在短版小批量印刷的性价比需求和频繁更改变换内容的需求方面也是越来越捉襟见肘。

另一方面，数字印刷机可提供目前市场所需的小批量和可变数据印刷，但直至最近，数字印刷机也不能提供更复杂的联线加工方案——通常是采用离线或近线独立式印后加工设备。有些设备生产商看到了此商机，并很好地填补了市场空白，向市场供应越来越多高规格的设备，且显然这种趋势还将持续发展。但是，这样会导致操作处理翻倍、人员配备翻倍、设置时间及加工成本翻倍，从而导致标签加工生产的时间和作业成本整体性地增加。

标签、甚至越来越多的软包装以及纸盒加工商面临的挑战是：数字标签印刷市场仍在不断向前发展，它需要更多更广泛的联线印后加工技术，例如烫印、压凹凸、激光模切、金属油墨印刷、背面印刷、覆膜、上光以及更弹性的生产工艺流程。这就要求印刷机和连线加工自动化程度越来越高。数字标签生产必须具备这种自动化，因为数字印刷经常出现更小批量的印刷要求。在印刷和印后加工产线之间移动已完成的作业件耗时耗费显得越来越高。

显然标签加工商都不会喜欢所谓的"接触点"，即生产工艺中需要人工介入的地方，因为这样就丧失了联线生产的其中一个关键优势。这种情况下，联线加工、甚至自动化加工功能越多，混合数字标签印刷机的成本就越高，人们认为精益化和成本效益化生产的投资决策越好。原因很简单，增加的成本可以通过提高生产量和生产效率来得到回报。

这就是过去三五年组合型模拟/数字印刷机渐渐发挥效用之处。甚至更早以前，回到20多年前，凸版轮转印刷机和柔版印刷机就已经开始整合单色（最初是墨粉式后来是喷墨式）数字印刷方案以提供可变数据印刷，后来是必不可少的加工方案。

近年来，很多公司开始供应单色喷墨单元，可安装到柔性版印刷机上进行可变数据印刷；过去的几年中，改装CMYK或CMYK+白色喷墨单元整合到柔版印刷机上的厂家有Colordyne、英国工业喷墨公司、PPSI以及IPT公司。这些加装CMYK四色喷墨组件的柔印机如今也归类到组合型设备中了。

数字印刷机实现高附加值加工的另一个途径是领先的喷墨印刷机生产商开始将连线加工集成到各自生产线中，从专色柔印、冷烫、上光或激光模切开始。

如今，几乎全球所有领先的大型柔印机生产商（捷拉斯、纽博泰、麦安迪、MPS、Edale、欧米特、Focus等）都已经开始设计生产组合型模拟/数字标签印刷机，且都配有必要的连线加工选件。2016年、2017年以及2018年的国际标签展（Labelexpo）上发布了多款组合型新机，大部分都与数字印刷机或打印头厂商合作研发。

最新的市场分析报告显示，全球标签行业目前已安装了180多台组合型印刷机，其中一些还用于软包装生产。另一方面，大幅面轮转和单张纸印刷机生产商也开发布（或正在研发）软包装和折叠纸盒专用的组合印刷设备。组合印刷机的采购订单和装机量也在逐步增加，估计每年新增装机量达到50台左右。显然，组合型方式已经在市场逐步站稳脚跟，组合的形式也越来越复杂——甚至出现为某些市场应用专门定制的组合印刷机，例如分页标签（leaflet label）、多层标签、揭开式标签以及更复杂的无底纸标签等。

如今可能出现的情况是，占印刷设备市场顶端的10%~12%的组合工艺传统印刷机，一部分正在向CMYK+数字功能以及各必需的连线传统印刷、整饰和印后加工单元的组合型设备转移。这样就导致每年新增标签印刷机中组合型印刷机的装机量占整个市场份额的6%~8%。如果组合型设备能取代所有组合工艺印刷机的装机量，则未来五年内组合型印刷机的销量每年可能增加65~75台，可能占到每年新增装机份额的10%~12%。

7.1 组合印刷机的定义

业内对于组合印刷机的定义也存在各种不同的意见。"组合印刷（hybrid printing）"和"组合型印刷机（hybrid press）"这些新词如今已在行业刊物、国际标签展、德鲁巴印刷展及相关研讨会、峰会上屡见不鲜。但就其术语解释，比如组合型包括什么、不包括什么，仍然要根据具体印刷机厂商、终端使用客户或媒体的所用所指而有所改变。那么，如何定义一台组合型印刷机呢？

可能用排除法来说明更容易理解些。一台4色、5色或6色的柔性版标签印刷机与单色数字喷墨打印头连线生产，只要不含印后加工通常都不算做组合型印刷机。然而有些采用CMYK四色喷墨单元（有时候加上白色）的柔性版印刷机生产商添加了一个柔印单元，用于专色、冷烫、标黑或上光，再加上模切和复卷单元，就可以被称为组合型印刷机。

有些大型印刷机生产商从另一个角度解释了"真正的"组合型印刷机，他们将CMYK+白色（有时可用OGV色）喷墨组合与CMYK柔性版印刷机以及多个印后加工选件例如冷/热烫印、压凹凸和模切等全部连线集成一体。这种情况下，"真正的"组合型解决方案可以作为一台数字印刷机、或作为一台柔印机单独运行，也可以作为集合上述两种技术优势以及各种连线加工选件的组合型印刷机运行。

经过对全球已装机的70多台组合标签印刷机的实际操作研究以及分析发现，被称为"真正的"组合印刷方案最常见的构成模式至少要有一组CMYK+白色的数字喷墨单元，该喷墨单元（以及起膜装置，如有）前面加一两个柔印（也可以是圆网丝印）单元，后面加一两个柔印单元，然后加上放卷、复卷以及张力控制组件，并集成复合单元、金属油墨印刷、烫印底色处理、冷烫或热烫、压凹凸、立体效果上光及模切，所有加工组件均可按照加工商客户指定配置。

把所有可能用到的选配件集合起来，可以说一台组合型标签印刷机至少有一台CMYK标准4色数字印刷单元、集合2～7色柔版印刷单元（可能融合CMYK工序）或者至少再加一个上光和模切单元构成。在实际操作中，对于想要给品牌或产品增加更多附加价值的加工商来说，越复杂的印后加工功能，越是充满吸引力。

根据印刷机生产商以及具体应用场景，有些传统印刷单元可以是圆网丝印，也可以是胶印或凸版印刷，最终还是取决于具体应用场合。这种复杂的印刷和印后加工方案可以为标签和包装生产提供趣味性和有效的品牌保护，并具备防伪特征。

显然，目前市面上的组合型标签印刷机为印刷和加工商们带来各种各样令人振奋的商业机会，由此也被越来越多的标签加工商所接受。软包装和折叠纸盒印刷商以及品牌商也迅速地意识到在其原有的大幅面卷筒纸凹印或柔印机上集成一套数字方案，或者与单张纸胶印机组合使用的潜在价值。

这些新款组合印刷机得以大力发展的一个关键因素是包装油墨采用了最新的创新科技，如今被称为食品间接接触安全油墨，可用于柔性材料、折叠纸盒以及瓦楞纸材料等。这一点非常重要，因为虽然包装印刷量在上升，但明显地开始向短版小批量印刷和SKU扩展转变。也就是说，10万的印刷量实际上被分成10次印刷，每次印刷1万印量。

UV柔印和UV喷墨技术的结合使二者相得益彰。两种工艺的油墨在化学成分上其实是基本相同的，因此在相同的印刷材料上印刷效果相差不大。水性柔印油墨和水性喷墨油墨也一样。总的来讲，柔印和喷墨技术应用到联线组印刷环境中时在印刷质量、印刷速度和性能方面的表现是旗鼓相当的。这样就可以定制组合产品方案，即一次投资，百分百根据印刷操作实际需求进行定制。

根据具体要求，每位个体用户都可以成功定制到卷筒纸或单张纸组合印刷生产线，按实际需求还可包括转向杆、预涂、复合、覆膜、背切、分条、打孔等组件。图7-1显示的是典型的组合卷筒纸印刷系统的基本构成。从中可以看出，这是一种相对复杂的组合结构，数字印刷前后装有柔印单元，并包括剥离及覆膜、转向杆、预涂、冷烫、金属油墨印刷、涂胶/上光，上光、模切、打孔及分条装置。

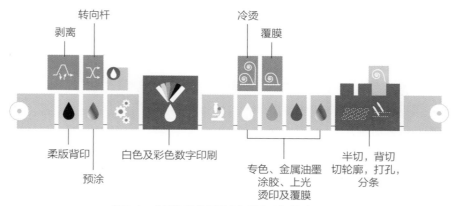

图7-1 典型的卷筒纸组合标签印刷机构造示意图
（原型图由富士胶片（FFEI）和佳能友情提供）

7.2　投资组合印刷机的益处

本书编辑期间查看并分析了全球范围内已安装使用的众多品牌与款式的组合印刷机，采访了加工商对于其投资的看法、所受益处以及投资设备可能带来的无尽的商机。

其中一项重要挑战是如何充分利用组合型标签及包装印刷机的优势和潜力让这些行业走进更辉煌的未来，将产品和市场应用以及印刷方案推到一个现有传统或数字印刷机本身所无法企及的新高度。很大程度上，这也包括从未有过的新思路、新创意以及瞩目的设计和技术创新能力。

传统印刷工艺已经沿用了很多年。数字印刷，不论墨粉还是喷墨式，都相对还很新。增值印后加工方案也将继续推陈出新。将这些都置于联线组合印刷机，链接到当今技术最高端的自动启动设置、换件、计算机控制及MIS整合设备等几乎一切都成为可能。

加工商及其客户想达到什么效果呢？可变数据文本和图形、多版本及变体、个性化、定制化、浮凸及触感效果、序列化、压凹凸、金属烫印（冷热烫）、激光模切与蚀刻、冲孔、打孔、局部上光油、亚光及亮光上光、分切等，现在，这些加工效果都可以使用一套高性价比、高效益的生产系统实现，不论中长版还是短版印刷活件。实际上，一套组合印刷方案可以解决几乎所有类型的标签需求，详见图7-2。

那么，最早投资组合印刷机的先驱者们有什么样的装机体验呢？可能组合印刷机最常见的投资收益还是体现在生产力或成本效益方面，比如最大化生产力、多功能化、减少浪费和设置时间，他们评论一般有：

①提供两全其美的解决方案；

②完整的one-pass生产工艺；

③消除了需人工涉入的"触点"；

④一次通过的高效生产力；

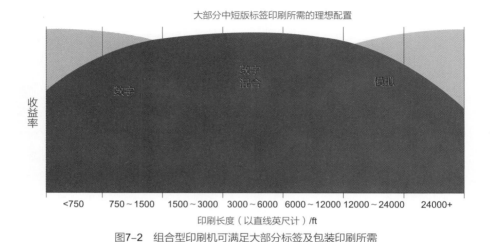

图7-2　组合型印刷机可满足大部分标签及包装印刷所需

⑤提供高效完整的印刷方案；

⑥生产力提高；

⑦交货时间缩短；

⑧操作更灵活，功能更加多样化；

⑨完整的端到端标签加工；

⑩大大节省了成本开支；

⑪产量最大化；

⑫实现自动印后加工，集成工作流程；

⑬极大减少了浪费；

⑭所需准备材料减少；

⑮超印量价格最低化；

⑯联线组合方案完全可媲美柔印和数字印刷的质量和速度；

⑰更经济；

⑱换单更快；

⑲简化工件数据存储、工作流程自动化并集成了MIS系统；

⑳节省了从数字印刷机转至离线加工的成本和设置时间。

从这些用户体验和评论中可以确定的是，组合印刷机装机后立即给加工商的日常运营带来巨大益处，并对其成本盈亏线产生了积极影响。尝到甜头后，有些加工商已经开始第二批投资，采购更多组合型印刷机了。

另外，很多安装组合型印刷机的加工商也打算用其开拓新业务，通过设计创意和技术方案为产品增值，并充分利用多种组合印刷和印后加工潜能的优势。

对于做出投资决策的理由，印刷机投资商们给出了最常见的几点，包括：

①结合了柔印和先进的数字印刷两种技术优势；

②可以灵活且自由创建并修改设计图稿；

③柔印加数字，提供了无数的可能；

④可定制印花纹理，可产生不同的浮雕和触觉效果体验；

⑤可添加独特的防伪特征；

⑥产品差异化的新机会；

⑦满足市场对短版且复杂版面印件的需求；

⑧能够吸引新客户；

⑨为不想投资多台标签印刷机的加工商提供了大好机会；

⑩开拓了全新的客户群体。

总的来看，由成功引入组合印刷机的加工商们提供的上述反馈已经是采用这项新生产技术的强有力的理由。

7.3　组合标签及包装印刷机的主要厂商

下面讲述几款组合标签印刷机的代表机型及其生产厂家，几款改装及集成设备供应商，以及组合型包装印刷机的新发展。

大多数领先的组合印刷机生产商也是享誉全球、历史悠久的传统印刷机制造企业，在全球装机量市场占有重要地位，他们主要生产高附加值、高品质的不干胶标签，通常具有外观精美等特色，比如金属油墨印刷、冷热烫印或压凹凸等。

为满足新客户及品牌商的需求，这些高端传统（大多是柔印）印刷机都经过精心设计，在传统印刷组件之前，或在传统组件之前且数字印刷之后融合加入了喷墨技术。

本章所述的每款主流组合标签印刷机（表7–1）都介绍了其几个关键的技术参数，并附有一些印刷机插图。同时简单介绍改装组合印刷方案，以及几款即将上市的主流包装印刷组合机型。

7.3.1 Gallus Labelfire 340

捷拉斯Gallus Labelfire 340（图7–3）是由捷拉斯和海德堡共同研发的一套UV压电按需联线数字标签印刷系统，它采用领先的喷墨技术、富士Samba喷头，印刷速度高达50m/min；具有顶尖水平的印刷画质，原始分辨率达1200dpi×1200dpi，拥有CMYK+白、橙、绿、紫共计8色喷墨打印头，结合了柔性版印刷（柔印单元可装在数字印刷前或后）的生产效率，单次生产周期内可采用底涂、彩色或专色、防伪或冷烫、上光或覆膜、半轮转模切以及其他印后加工工艺。可在数字印刷引擎上游或下游加装圆网丝印。该机在2016—2017年间发布上市。

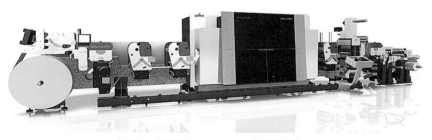

图7–3　捷拉斯Labelfire 340组合印刷机

捷拉斯Labelfire 340组合印刷机的主要技术参数详见表7-1。

表 7-1　捷拉斯 Labelfire 340 印刷机的主要技术参数

项目	传统模拟工艺	数字工艺
印刷工艺	柔印，丝印	UV压电按需喷墨
印刷色数	上行2，下行3	8色. CMYK+OGV +白色
印刷宽度	340mm（13.39in）版面宽度	
印后加工	冷烫半轮转模切，轮转模切，横切	数字整饰单元，亮光/亚光，专色及触感光油效果
数字分辨率		1200dpi×1200dpi 原始@2pl 墨滴尺寸
数字前端（DFE）		Prinect DFE-L
印刷速度	50m/min（164.04ft/min）	70m/min（236.22 ft/min）无数字白墨

Labelfire的数字喷墨引擎是海德堡在德国沃尔多夫（Wiesloch-Walldorf）的工厂生产的，这款新印刷机的基础部件都是捷拉斯在其德国Langgöns的生产基地生产的。该系统主要是为满足日益增多的中短版活件以及多版本标签更经济高效地生产需求而设计生产的。

7.3.2 纽博泰 Panorama 组合印刷机

纽博泰Panorama（图7-4）采用五色京瓷/网屏UV喷墨引擎（CMYK+白色）和白色/上光打印头，多达8个印刷和印后加工单元，可结合多种加工工艺如柔印、丝网、冷/烫印/压花，半旋转或快速切换（Quick-Change）模切、智能清废及分条等。该印刷机可印刷宽度为340mm，运行速度50m/min。

由于纽博泰Panorama组合印刷机采用完全模块化设计，它可以根据客户所需不同应用场景随时（或稍后）安装、改造或进行功能扩展。

图7-4 纽博泰Panorama组合印刷机

数字组合方案的配置可满足客户各种需求或要求，从独立式单机运行，到全方位多功能以及高附加值组合印刷机。

纽博泰Panorama组合印刷机的主要技术参数详见表7-2所示。

表7-2 纽博泰 Panorama 印刷机的主要技术参数

项目	传统模拟工艺	数字工艺
印刷工艺	柔印，丝印 热烫 压凹凸	UV喷墨
印刷色数	8色+热烫+压凹凸	5色，CMYK+白 白墨/上光打印头
印刷宽度	340mm（13.25in）印刷宽度	350mm（13.25in）单机
印后加工	模切，清废，分切	
数字分辨率		600dpi DP3，打印头高达720dpi
数字前端（DFE）		Equios
打印速度	柔印：100m/min	UV喷墨：50m/min

7.3.3 Graphium FL3 组合印刷机

Graphium是FFEI公司推出的第三代组合数字标签印刷机，采用市场领先科技和工程专业技术设计，已得到广大用户的广泛认可和接受。Graphium组合印刷生产线（图7-5）由富士胶片（FFEI）、赛尔和英国Edale公司联合研发，采用富士胶片专业供墨系统，提供CMYK+白色共计5种颜色，柔印机组连线印制指定潘通色彩（PMS），并有柔印平台和自动整饰单元进行冷烫金。

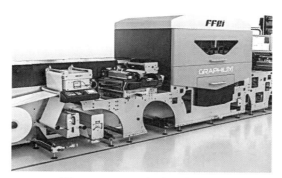

图7-5　Graphium组合标签印刷机

赛尔打印头可打印超高质量的画面，Edale公司专门设计并生产的工业级卷筒纸印刷系统经市场验证已得到用户的广泛认可，再加上自动整饰和集成工作流程，使该机可提供高效的整体印刷方案。

Graphium是专门为中短版以及长版标签、包装和轻型纸盒生产设计的一款高效印刷方案，大大降低了长版活件的生产成本，采用数字印刷搭配柔印，一次走纸（single pass）内完成专色、金属色、上光等印后加工操作。

该机自带卷筒清洁、电晕以及色组间油墨固化功能，采用专利的自适应加网技术（AST），可印刷高度不透明白，各种UV油墨使印品具有较高的耐光、耐磨及耐刮擦性能。Graphium印刷机的主要技术参数详见表7-3。

表 7-3　Graphium 组合标签印刷机的主要技术参数

项目	传统模拟工艺	数字工艺
印刷工艺	柔印	Xaar 1001 UV喷墨
印刷色数	按生产需求，可融合UV或水性柔印油墨	CMYK+浅白和厚白
印刷宽度	高达420mm（16in）印刷宽度	
印后加工	全模块化方案，含模切、分切、压凹凸、柔版或数字烫印，覆膜，双面揭开式标签，不干胶方案	可变数据印刷

续表

项目	传统模拟工艺	数字工艺
数字分辨率		360dpi×360dpi 感知分辨率1018dpi
数字前端（DFE）		标签生产 RIP工作流
打印速度	25m/min（82ft/min）， 360dpi×360dpi（8个灰阶）	50m/min（164ft/min）， 180dpi×360dpi（8个灰阶）

7.3.4 麦安迪 Digital Series HD 组合印刷机

麦安迪（Mark Andy）Digital Series HD（图7-6）组合印刷机提供多达8种（标准四色CMYKOGV+白色UV数字油墨）数字印刷色彩，带组合型柔印单元并可添加表面涂布、专色、上光、金属色、冷烫、热烫/压凹凸等选配件，以及卷筒转向辊、覆膜和连线模切等单元。也可以添加圆网丝印。印刷速度为73m/min，有三种卷筒纸宽度336mm，318mm和330mm供选择（表7-4）。

该机结合了生产高速度、无点击收费以及高性价比的耗材等优点，使该机成为成本投入最低、投资回报最高的组合印刷方案之一。

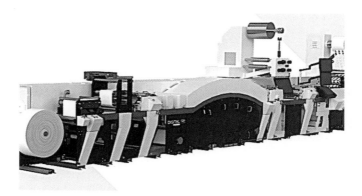

图7-6　麦安迪Digital Series HD组合印刷机

表 7-4　麦安迪 Digital Series HD 高清组合印刷机的主要技术参数

项目	传统模拟工艺	数字工艺
印刷工艺	柔印单元，丝印，数字丝印	UV喷墨
印刷色数	根据加工商需要配置	8色。CMYKOGV+白色
印刷宽度	336mm（13.25in）卷料宽度 330mm（13in）柔印宽度	336mm（13.25in） 318mm（12.5in）
印后加工	根据加工商需要配置。表面涂布、金属色、冷烫等任何传统柔印组件均适用	联线、离线或近线可选
数字分辨率		1200dpi
数字前端（DFE）		麦安迪 ProWORX
印刷速度	73m/min（240ft/min）	

7.3.5 MPS EF SymJet 组合印刷机

MPS公司的EF SymJet组合印刷机（图7-7）将全自动MPS EF系列柔印机与多米诺N610i数字UV喷墨标签印刷机相结合，并采用京瓷600dpi×600dpi打印头，可提供6种数码色彩+不透明白色。多达6个柔印单元，用于印刷潘通色彩（PMS），黑色标记、底涂、上光、冷烫以及转向杆和模切等均可连线完成。印刷宽度为340～430mm，数字前端采用Esko系统。

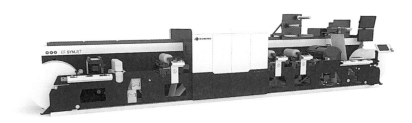

图7-7　MPS EF SymJet组合印刷机

MPS的EF Symjet组合印刷机的主要技术参数详见表7–5。

表 7–5　MPS EF Symjet 组合印刷机的主要技术参数

项目	传统模拟工艺	数字工艺
印刷工艺	柔印	UV喷墨
印刷色数	按需可集成最多6个UV柔印单元	CMYK+浅白和厚白
印刷宽度	340/430mm	340/430mm
印后加工	覆膜、模切，冷烫，丝印，凹印，卷筒转向等无数选配可能	
数字分辨率		600dpi×600dpi
数字前端（DFE）		Esko
印刷速度	纯柔印模式：220m/min	组合模式：75m/min

该机采用MPS与Kocher&Beck公司合作研发的全自动快速更换模具单元，用于作业之间的快速切换。也就是说，设备无需停机即可更换模切滚筒，因为全新的模具单元安装了2个插槽，切割模具的更换通过加压辊自动切换至空槽位来完成。有了该功能，模切作业在生产期间即可提前做好准备，另外通过添加MPS自动化包，切模设置还可以从工件内存中调取出来，以实现更快地作业切换。

该机将柔印机的技术优势与数码印刷的灵活性相结合，即可连线使用，也可离线单独作业，使用户鱼与熊掌兼得。

7.3.6 佳能 Océ LabelStream 4000 柔印 / 数字组合印刷机

Océ Labelstream 4000（图7–8）是佳能公司与Edale和FFEI公司联合开发的一款新型工业级UV喷墨标签印刷机，它采用赛尔Xaar 2001+U打印头，集成UV柔印、整饰加工、模切、冷烫、起膜/再覆膜等单元后变成组合印刷机，明显提升了速度和印品输出质量，包括引人瞩目的白色印刷单元。

LabelStream是一款五色（CMYK+白色）UV喷墨打印机，印刷速度

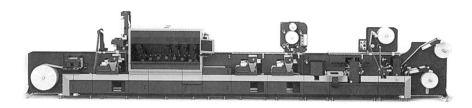

图7-8 佳能Océ–LabelStream 4000印刷机

高达75m/min，卷料宽度330mm（13in），赛尔2001 UV打印头支持分辨率720dpi×1080dpi和不同印刷质量模式，确保输出画质精美、色调流畅、色彩鲜艳且在普通标签料上表现稳定。

佳能公司认为，传统与数码印刷技术的有机结合可明显提升作业速度，加工出高质量且经济实惠的不干胶标签，例如用于快速消费品、化妆品以及医药等领域。其高性价比的按订单印刷功能，可设置印刷材料长度，有效避免数字印刷生产过剩，并可就此提供其无与伦比的优势——客户自定义。

佳能Océ Label Stream 4000组合印刷机的主要技术参数详见表7-6。

表7-6 佳能 Labelstream 4000 印刷机的主要技术参数

项目	传统模拟工艺	数字工艺
印刷工艺	UV柔印	UV喷墨
印刷色数	4个标准色 可按需要另增	CMYK+白色选配
印刷宽度	430mm	430mm
印后加工	模切（半/全轮转），切单张，分切，双复卷，检测模块，转向杆，冷烫，分页，热烫，上光，覆膜，起膜/再覆膜	
数字分辨率		高达720dpi×1080dpi
数字前端（DFE）		与标准作业流程方案可兼容的集成式数字前端，例如Esko
印刷速度	高达75m/min	

佳能Océ组合印刷机的到来，及其为标签和包装印刷市场带来的资源和服务，使供应商更有兴趣进入这个市场。该印刷机自2018年年底开始可订购。

7.3.7 Omet/Durst XJet 组合印刷机

Xjet混合印刷系统由Durst技术驱动，将Tau 330 CMYK +W + OVG数字喷墨印刷机和欧米特X6柔印UV或水性油墨印刷单元相结合，连线加工单元（图7-9）包括冷烫、热烫、覆膜、上光、模切及分切等。分辨率高达1200dpi×1200dpi，最大印刷速度高达78m/min。该设备可作为柔印机或数字印刷机单独运行，也可作为组合系统运行，具体看印刷单量及所需的个性化程度。圆网丝印也是可选配置。

Omet/Durst XJet组合印刷机的主要技术参数详见表7-7。

图7-9　Omet/Durst XJet组合印刷机

表 7-7　OMET/Durst XJet 印刷机主要技术参数

项目	传统模拟工艺	数字工艺
印刷工艺	UV柔印，水性柔印，丝印	UV喷墨
印刷色数	1~8	4~8
印刷宽度	340~430mm	350mm
印后加工	模切，冷烫，分页，热烫印，压凹凸，分切，上光，起膜/再覆膜	高度不透明白

续表

项目	传统模拟工艺	数字工艺
数字分辨率		1200dpi×1200dpi
数字前端（DFE）		Durst
印刷速度	最高78m/min	

7.3.8 Focus 标签印刷设备公司的 d-Flex Hi-Q 组合印刷机

英国Focus公司的d-Flex Hi-Q组合印刷机（图7-10）是一款多功能设备：它以柔印机为基础，结合数字技术，可选择CMYK标准四色数字模式，或CMYK +白色数字模式，可用于空白标签生产、再次套准生产，印后加工工序包括冷烫、起膜/再覆膜、模切、多层（揭开式）卷到卷或卷到单张单元等。

该印刷机卷筒纸宽度可自由选择，并通过其合作商工业喷墨公司（IIJ）装配了最新款柯尼卡美能达1800i UV喷墨打印头，由伺服驱动柔印单元执行打印作业和上光或涂布，印后加工可连线作业。电晕处理是可选配置。

新型IIJ喷墨技术使该设备的印刷速度高达80多米每分钟，不论卷到卷还是卷到单张作业。可用于标签、防伪标签、特殊结构产品、包装及票务印刷等领域（表7-8）。

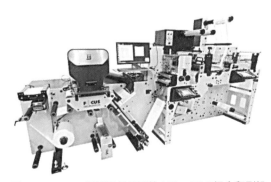

图7-10　Focus标签设备公司的d-Flex Hi-Q组合印刷机

表 7-8　Focus 公司 d-Flex Hi-Q 组合印刷机的主要技术参数

项目	传统模拟工艺	数字工艺
印刷工艺	柔印	UV喷墨
印刷单元/色数	轮转柔印、上光和涂布：1或2个单元	1～4色
印刷宽度	所选卷筒纸的宽度	
印后加工	选配件包括轮转模切，卷到卷或卷到单张加工，冷烫，覆膜，废料复卷，复卷，电晕，转筒清洁，防静电，视觉检测	白墨选配
数字分辨率		1000dpi
数字前端（DFE）		Global喷墨系统+PC电脑
印刷速度	高达80m/min	
应用领域	标签，防伪标签，包装及票务	

7.3.9 Bobst Mouvent 组合印刷机

不干胶标签生产进入新时代，带来全新水准的生产力和盈利性，各种技术创新保障了最高的印刷质量，从而为融合Mouvent数字技术的新款组合柔印机的诞生奠定了坚实基础。该机（图7-11）首次亮相是在2019年欧洲国际标签印刷展览会上，是数字与数字柔性版印刷的最佳组合范例。

该组合设备可灵活处理各种高附加值标签，作业设置时间短、投资回报快，被称为标签市场最强自动化数字印刷机，印品质量及生产力均达到当前业内最高水平（表7-9）。

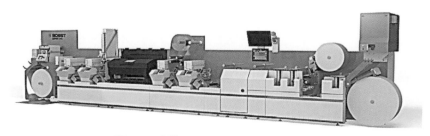

图7-11　新款Bobst Mouvent组合型印刷机

表7-9 Bobst Mouvent 组合印刷机的主要技术参数

项目	传统模拟工艺	数字工艺
印刷工艺	柔印丝印，热烫，冷烫印，触感效果，上光，覆膜	Mouvent Cluster 喷墨打印头技术
印刷色数	不限制	高达8色
印刷宽度	370mm（14.5in）	340mm（13in）
印后加工	轮转/半轮转模切，压凹凸，切单张，分切，UV上光	高度不透明白
数字分辨率		1200dpi×1200dpi 2400×2400 optical
数字前端（DFE）		Bobst Mouvent
印刷速度	柔印高达 200m/min	分辨率1200dpi×1200dpi时，数字印刷速度高达100m/min

7.3.10 Monotech 系统公司的 ColorNovo 组合 UV 印刷机

　　ColorNovo组合UV印刷机（图7-12）是一款CMYK+白色UV喷墨印刷机，采用京瓷打印头，分辨率600dpi×600dpi，印刷速度高达70m/min，适用于各种印刷幅宽配置。带有卷筒控制系统和伺服驱动加工产线，可选配电晕、套位柔印、冷烫、模切、分切及GM双复卷等工序。该机型于2017年上市，目前已经在中国、印度及意大利等地售出6台。国内安装的首台该款机型集成了2套套位柔印单元，还有冷烫单元、覆膜单元、模切和分切以及一个双复卷单元。

图7-12 Monotech公司的ColorNovo组合印刷机

7.3.11 上海云帛的 Cloud 组合印刷机

云帛公司的Cloud组合印刷机（图7-13）采用柯尼卡美能达喷墨技术，印刷幅宽有110、220、330mm可选，可集成多种传统工艺包括柔印单元、热烫、模切和清废，以及套准控制、卷筒清洁和电晕处理等。

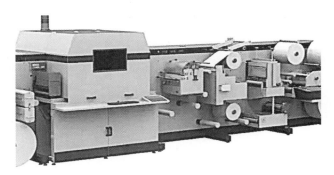

图7-13　云帛（Winbosc）Cloud组合型印刷机

7.3.12 MGI Jet Varnish 3D 印刷机

由MGI和柯尼卡美能达公司共同研发的Jet Varnish（图7-14）是一款共享式工业级卷筒纸进纸数字整饰印刷机。这是一款创新型产品，为2D/3D

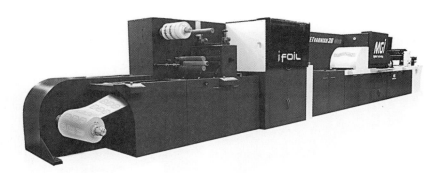

图7-14　MGI Jet Varnish组合型印刷与卷筒纸整饰方案

UV浮雕上光油、三维纹理、压凹凸、可变数据热烫及CMYK艺术性高亮效果等提供100%的数字解决方案。印刷机具有自动滚筒张力校准、复卷及半轮转模切选配件和柔印底涂单元等。

7.3.13 Multitec/Domino UV 喷墨组合柔印印刷机

喷墨集成专家多米诺和印度柔印机生产商Multitec公司近期联手发布了其为印度市场共同研发的一款组合型UV喷墨柔版印刷机。

7.4　改装及集成式组合印刷方案

在新装或现有柔印机上加装一个喷墨打印头，是进入组合印刷市场相对成本较低的一种方式。这样，标签印刷商可以综合利用现有的卷筒标签印刷机和加工设备，通过添加彩色喷墨印刷组件将其转变成组合生产线，集各产品优势于一身。

改装型组合印刷机是一种相当灵活的处理方案，集成生产线可采用柔印模式、数字模式或组合模式进行印刷和印后加工，每种模式均可使用当前的加工技术和组件。

改装型组合标签印刷机的主要供应厂家及机型具体如下：

7.4.1 PPSI DICE GT300 印刷机

DICE 1200dpi系统采用富士Samba打印头，在现有卷对卷设备上添加高分辨率的UV彩色喷墨印刷单元，将现有的柔印机几乎完全改造成一台组合印刷机，集合柔印最大优势——特殊色和各种白色、预涂以及上光等高达10种数字印刷色彩。最棒的是，该机型综合利用了印刷商当前投资的加工设备，将数字印刷套准到连线模切或切单张设备上，无需移动辊筒。

DICE改装型印刷机的印刷速度高达110m/min（360ft/min），印刷宽度从2.5in到20in（特殊色可用更宽幅面）。可数字印刷6种颜色（CMYK+2种专色）或扩色域工艺颜色（橙/绿/紫等）。打印头由PPSI公司提供，可选择赛尔1001打印头或富士胶片Dimatix SG-1024打印头，印刷分辨率可选择400，600，1200和1600dpi。

7.4.2 Colordyne 技术公司的 3600 Series 印刷机

Colordyne Technologies 3600系列是一款改装型印刷系统，标签加工商只要在现有柔性版印刷机上添加四色数字喷墨印刷组件，即可进军短版数字标签印刷市场。该方案采用Memjet打印头，在传统模拟印刷工艺上添加了彩色可变数据印刷功能。

7.4.3 工业喷墨有限公司（IIJ）ColourPrint iS 组合印刷机

工业喷墨有限公司（IJJ）生产的ColourPrint iS印刷机采用柯尼卡美能达小滴量1024iS打印头和创新的波形技术，印刷速度50多米每分钟时可见分辨率可达720dpi。最小6pl的墨滴量可印刷更精细的画质，采用UV或水性油墨，尤其适用于化妆品标签印刷及包装业。

由于IIJ采用数字模块化结构，ColourPrint iS可集成到大多数柔印机上，只需要一台新的独立式数字印刷机或组合印刷机几分之一的成本，一台传统印刷机就能轻轻松松转变成数字印刷机。这种低成本投资给商家带来了更快的投资回报。

7.4.4 Digikett Digi-M-Jet

　　Digi-M-Jet是一款辊式送料喷墨印刷机，装有Memjet打印头，高速喷墨模块可集成到现有印后加工或生产线上。印刷速度高达102m/min，印刷质量1600dpi×1375dpi，使这款Digi-M-Jet印刷机成为商务印刷和标签印刷商的理想产品。

7.4.5 IPT Digital/JFLEX 870 数字组合改装印刷机

　　JFlex870和JFlex1700是目前最先进的两款组合改装数字标签印刷系统，它可以将现有柔印机转变成高速数字印刷系统。该系采用Memjet按需（DOD）热喷墨技术，具有4个打印头，可打印CMYK四色并可选配第五色作为专色。每个打印头含70400个喷嘴，每秒钟可喷射30亿个墨滴（12.4kHz），每分钟可印刷275ft，打印幅宽8.69或17in，惊人的分辨率高达1600dpi×1375dpi。

　　JFlex系统由加拿大蒙特利尔的RDP Marathon公司生产设计，它和IPT digital已成功将JFlex870数字印刷系统安装在无数台传统印刷机上，包括麦安迪、Aquaflex、Comco以及纽博泰等品牌。

7.5 包装印刷组合印刷机

　　当标签印刷商已经走在时代前沿并开始拥抱新的数字印刷技术时，包装印刷商慢了一步，还在适应数字技术所带来的影响，他们认为数字技术并非必需，因为他们并不认可数字技术的未来，甚至到现在他们还认为数字印刷机的幅面不够宽、印刷速度不够快，或者他们对食品接触墨水或墨粉仍存在疑虑。印刷质量方面他们也认为客户不一定能够接受，比如折叠纸盒的生产，印刷商宁可使用传统印刷机达到他们所需要的效果。

但从新型数字包装组合印刷机在过去几年内对市场的冲击以及市场反馈来看，全球各地的折叠纸盒和软包装印刷商终于不可避免地开始改变思路，他们开始探讨数字印刷机和技术投资的未来。

包装印刷曾经经历过一个需要适应SKU更加多样性和更短印刷单量的阶段，而由于全球化发展以及品牌商不断定位于更小的客户群体，使得产品种类迅速增加。活动营销不断减少，而产品的生命周期在持续性缩短。

另外，品牌商开始减少他们的库存量并引进零库存（准时制生产，JIT）系统，所有这些都促使包装印刷商必须尽快地适应更短单量印刷和更快交货时间的需求。

以折叠纸盒这个胶印占主导地位的市场为例，这种趋势就意味着不论印刷机还是加工设备都需要更频繁的待机，从而导致整个工艺更冗繁、更耗时、成本也更高。

然而，数字技术可以使折叠纸盒供应链更高效、更具性价比。有了数字技术，每次印刷都可以不同以往。因为机器设置和待机成本降到最低，小批量印刷的成本效益相应增高。数字印刷又非常的灵活，允许用户在最后一分钟更改印刷内容或进行信息更新，大大缩短周转时间。

总之，数字技术是胶印的完美补充，如果该技术符合折叠纸盒市场对印刷质量、颜色精准度和稳定性、耐光性、食品安全以及品牌保护等各方面的要求，也可以作为高盈利性的独立业务。

目前，个性化包装市场显然还非常小，不论是折叠纸盒还是软包装市场，但可以肯定未来它会迅速成长，占据更大市场份额。

数字组合技术是如何渗透进包装印刷市场的呢？以下内容将重点讲一下印刷机技术的最新发展。

7.5.1 海德堡 Primefire 106 数码印刷系统

Primefire系统采用富士胶片领先的DoD喷墨系统和SAMBA打印头，提供1200dpi×1200dpi的原始分辨率和70cm×100cm的印刷幅宽（图7-15）。经过市场广泛实践验证的海德堡多色（Multicolor）技术，使该设备具有工业化数字印刷的灵活性和多样性；海德堡巅峰级平台，使其画面精度可与胶印相媲美。所有这些优势集于一身，使这台设备身兼胶印和数字印刷两者之长。

这款7色喷墨印刷机能够覆盖95%的Pantone颜色空间，具有非常出色的印刷质量。该机使用水性油墨，符合Swiss规定，这是生产低迁移食品包装的必备条件。

强大的纸张传递系统，为该机提供了无可匹敌的精确套印能力，Prinect数字前端使该设备轻松的完全融入客户当前工作流程。CoatingStar上光单元提供无脉动上光。在High Qualirt模式下印刷速度高达2500张/h。

图7-15　海德堡Primefire 106数码印刷设备

7.5.2 Uteco/Kodak SapphireEVO 组合印刷机

该机是Uteco集团和柯达集团联合研发的产品，Uteco在柔印、凹印、薄膜处理、上光和干燥方面具备丰富经验，结合柯达专业的CMYK Stream喷墨技术和水性油墨，组合柔印、凹印及数码印刷机连线生产，为包装印刷企业提供出色的印刷质量。该机每小时可印刷超过9000m（延米）的作业，印刷速度高达622m/min。可选配连线底涂和上光单元。

　　Uteco公司的SapphireEVO印刷机（图7-16）采用KODAK Stream喷墨技术，于2018年发布上市，旨在为品牌商和包装服务供应商提供更短印刷单量的软包装印刷服务。

图7-16　Uteco SapphireEVO混合印刷机

7.5.3 柯达/利优比（Ryobi）Prosper S 系列集中组合式单张纸印刷机

　　2012年德鲁巴印刷展上，柯达和利优比（Ryobi）向全球客户推出了Prosper S系列集中组合式单张纸印刷设备，该设备将胶印和数字技术集成到一个单独系统中，可实现可变数据或版本信息的印刷一次走纸完成，可选配连线上光单元。Ryobi 750系列印刷机的2个喷墨印刷选配件可以选择2个喷墨打印头加1个干燥装置，也可以选择4个打印头加干燥装置再加1个连线上光单元。该混合设备的印刷速度可达10000张/h。

7.5.4 KBA VariJET 106

　　KBA VariJET 106（图7-17）由施乐Impika喷墨技术结合KBA Rapida 106印刷平台支持，专门为折叠纸盒印刷市场设计，可每小时印刷4500张B1幅面750mm×1060mm幅宽的作业。模块化的结构设计，将传统和数字喷墨

图7-17 KBA VariJET 106组合印刷机示意图

印刷有效结合，可选配的连线功能包括涂布、冷烫、轮转模切、压痕以及打孔。

第 8 章

盈利性数字标签
印刷的印前策略

印刷沟通

短版印刷的生产效率

前端数据采集

色彩管理

业务拓展

更快更准确

数字印刷集成在线检测

时至今日，数字印刷已经是相对成熟的印刷工艺，仅次于传统和常规印刷工艺，目前已广泛用于标签印刷生产。数字印刷是非常灵活的工艺生产方式，可以大大降低印单起印数量、减少库存、加快交货速度，使不同版本和变化之间的换版变得轻松便捷，同时提供个性化印刷，并可进行序列编号、数字编号印刷等。数字印刷机加上合适的印前工作流程，就能够将不同重复长度的印刷作业归结到一起，印刷于卷筒材料上。

从印刷买家的角度看，引进数字印刷有诸多价值驱动因素。而某些价值所在，只能通过数字印刷机实现。比如最关键的保证印刷质量和稳定性；明显降低工艺成本；缩短交货时间、加速新产品上市时间，使产品可以更快进入市场，并可以提供各种增值服务（只供应标签、纸箱印刷或薄膜的加工商已是过去式）。

增值服务包括零库存、缩减库存或精准库存，供应链管理改进，事件营销、公益营销以及区域营销，降低总费用以及准时制生产（JIT）和交货等。毫无疑问，如今的加工商必须根据供应链各环节的新需求改变他们的服务模式，并扩展其业务范围。

由于上述分析对几乎所有印刷生产工艺都有效，数字印刷将使这种高性价比的模式更容易实现。

实现这些价值驱动因素（表8-1）最有帮助的是拥有一台端到端印前集成生态系统方案，包括印刷设备。在该生态系统中，要确保工艺所有环节相互协调、沟通与配合良好，最好是在线沟通，这样可以消除昂贵的通讯中断成本。如今我们有工业标准、系统集成功能以及高效率的互联网，印刷商与其合作伙伴和客户在很多方面可以采用自动化操作并彼此相互协作。越来越多的客户或供应商，或许还有品牌商、合作包装商以及创意工坊，可以通过

表 8-1　客户的价值驱动因素（注由 Esko 友情提供）

确保质量和稳定性
降低工艺成本
加速产品上市
提升增值服务
扩展业务范围

"云"端网络服务下载原稿或原始文件。

标签和包装印刷加工商购买一台数字印刷机，是因为他们想利用这台印刷机的部分或全部功能更好地服务于其客户，同时增加自身的盈利性。但是这也引发了很多技术问题，其中首先一点就是：包装印刷商或加工商的印前部门是否已准备好接纳数字化印刷？

最糟糕的一种情形就是有些加工商之前根本没有做过任何印前，因此他们在投资购买一台数字印刷机之前几乎没有印前处理经验，之前他们只是将印前外包给第三方，拿到他们的报价、采用外包商提供的服务并用他们给定的价格。有了数字印刷机，就出现了一种全新的玩法。数字印前必须掌控在加工商手中，即使整个工作流程从设计到印刷并没有在加工商手中，那么至少工作流程中的拼版、卷筒纸或单张纸上设计图文组织必须由加工商掌握。因此，从印刷开始上游的印前部分通常是内部消化掉：首先是色彩管理技术，再是单张纸/卷筒纸拼版工具，最后是原稿编辑以及分色。

印前准备好之后，下一个问题就是"组织机构是否准备好？"数字标签和印刷包装的销售与传统标签和印刷包装机的销售是不同的，那么这两者之间有什么交叉点呢？如果标签加工商是采用柔印设备的工厂，现在开始采用数字印刷机生产更佳质量的产品（实际上是与他们以前用传统柔印生产的质量相当），对他们业务有什么影响呢？在过去，很多加工商无法回答这些问题，甚至当他们购买的印刷机已经安装完毕也没搞清楚。外包印前已经并非数字印刷的一个选择项。

印前和数字印刷所面临的挑战始终都在。数字印刷机需要解决几个问题，有时并非完全是数字化工艺问题，有时需要组合操作。前端也是如此，印刷商/加工商还未完全进入柔印或者数字技术自动化生产阶段。需要注意的是，数字印刷机上执行的80%的作业大多需要再次印刷，具体取决于印刷的单量、采用柔印/传统印刷还是数字印刷、是否再版，这些都是印前需要考虑的因素，加工商需要尽量采用自动化操作，以充分发挥数字化的优势。

数字印刷机的色彩控制或者颜色匹配，是数字印刷成功的关键因素。要知道80%的活件都需要重复印刷，也就是说，数字印刷的颜色要匹配以前采用传统方式印刷的色彩，或者匹配一个提供的颜色目标，甚至匹配以前一样采用数字印刷得到的颜色，都需要在购买数字印刷设备时就让相关部门掌握相关技术。不仅是CMYK标准四色工艺，专色和/或品牌色匹配也是如此。因此，首次且每次都能做到色彩匹配正确，可以为整个印刷和包装价值链大大节省成本。

印前是数字印刷实现快速周转的重中之重。有出色的技术支持，印刷机可以完全发挥其性能，但如果加工商未能筛选出合适的印前与之匹配，接下来他就要面临一系列的挑战。印前必须支持快速作业转换，而不匹配的印前设置会影响到生产和设备性能的发挥。

所以，有必要先看一下手头可以完成的工作，以尽量消除印刷中的棘手问题，不论是常规印刷还是数字印刷。那么，盈利性数字标签与包装印刷的印前选择战略主要有哪些？大家可以参考表8-2。

表 8-2　盈利性数字标签与包装印刷的印前策略

保护品牌资产：准确模拟品牌色
印刷沟通：减少实体打样的数量，缩短印刷待机时间
印前自动化：缩短交货时间，提高印刷质量
色彩管理：推迟印刷工艺决策：选用传统印刷还是数字印刷该作业？
减少浪费：印刷机无需试样和改错（工艺标准化）
业务扩展：为客户提供的服务范围扩大
数字加工：无模具加工
最大化印刷操作时间：每天印刷尽可能多的作业，减少机器调试时间
印刷质量：连线检测

"品牌资产"对于标签买家来讲非常重要。不论是印刷工艺还是承印材料，精准再现品牌颜色对于品牌商来讲具有非常高的价值。"印刷沟通"也是这些要求，即与客户（印刷买家）、供应商、公司组织内人员或者不同地点的人员之间进行的沟通。很多步骤可以自动化形式完成。推迟决策，不论某项作业是数字化还是传统印刷，在生产工艺中尽可能延后决策。减少错误，是指尽可能多地消除需要操作员互动的步骤，并且如果该作业转为数字化印刷，请勿额外保留作业副本（这是很多加工商未注意到的地方），保留双份作业副本，会留下很多的犯错机会。

然后是减少浪费、业务扩展、向客户提供服务的范围扩大，最后也是最重要的一点：无人操作数字化印刷以及无模具加工。当然，还有大家都希望做到的：最大化印刷机运作时间，每天尽可能多的印刷活件。这些战略要点将在以下进行详细说明。

品牌资产是关键。以色彩管理为例，加工商通常会说"我已经有了，我们有自己的印刷日志，我指的是潘通485号"。但是潘通485号究竟是什么样子？再举个例子，50%的潘通485号是什么样子？如果在传统印刷机上结合CMYK四色套印，485号会呈现出什么样子？或者在透明薄膜材料上印刷潘通485号是什么样子？如果加工商突然想要转换成数字印刷时会出现什么情况？这些都有什么影响？在承印材料和印刷方法既定的情况下，数字化表示一个品牌的色彩非常重要，只有根据国际潘通（PMS）色彩规范创建他们认可的"派生标准"，我们才能够与印刷买家正确地沟通，并使印刷色彩尽可能地接近目标颜色。这就是所谓的"设置正确预期"。

或许值得提一下PantoneLIVE颜色规范生态系统。PantoneLIVE是一个基于云计算的架构，可为全球供应链中的所有利益相关者实现潘通标准的数字规范和通信。凭借集中的数字颜色标准和光谱数值，每个人都可以接触和使用相同的潘通色库，从而创造出无与伦比的色彩一致性以及色彩管理和交流的新方式。

加工商当然不会逐一测量他们所需的数据，虽然有句老话叫"实践出真知"。正确开启数字印刷的一个关键是先测量出你手头的所有数据；尽量将你所用的加工环境以数字化形式描述出来。当然首先是印刷机概况，还有所用到专色的光谱信息。

即使一本潘通色卡在手随时可参考，可能也并不足以应付大部分应用场景。如果印刷商或加工商不想那么做，就需要彻底改变他们的业务运营方式。当然也有一些很好的例子，加工商会说"我们采用CMYK原色且效果明显，我们告诉客户他们所预期的颜色"。如果你清楚地知道你的预期，明白你能做什么、不能做什么，或者你想要什么、不想要什么，这当然非常好；但很多情况下存在大量灰色区域。

如果数字印刷没有色彩管理，很多加工商会面临材料浪费，不得不在印刷机上反复试样和改错。在传统印刷工艺中，印刷机操作员习惯去微调印刷机进行更正。他们能够在很大程度上调整色彩，甚至可以从废料箱中挽救不少作业。然而，对于市面上经验不足的印刷机操作员以及对于数字印刷机来讲，并不能够对印刷机做出太多的微调，标签印刷生产需要遵循标准化的工作流程。个人微调印刷设备会导致多处色彩不一致以及潜在错误，还会造成很多的浪费。

另一个关键点是，如果客户不知道他们能够期望什么，他们不一定能找到自己的舒适点。印刷商或加工商最不愿看到的事情就是因为达不到客户预期而最终导致客户流失。如果客户产生怀疑，或许他们会重新回到传统印刷，即使传统印刷印单量时时受限制。因为加工商不能最优化使用印刷机，巨大的商机被淹没，在这场博弈中没有赢家。最后，数字印刷并未达到大部分加工商购买数字印刷机的最初预期，即短版活件用数字印刷机，长版活件用传统印刷机。

改变这种情况的关键，至少可预测性、或一致性和可重复性的关键，始于色彩管理。拥有色彩系统设置独具诸多优势。所以关键就是构建自己的数据库。这并不是一件容易的事情，在这之前有很多准备工作要做。最恰当的比方就是：如果你打算粉刷一个房间，什么最耗时？粉刷本身还是粉刷准备工作？显然是准备工作。色彩管理与之相比没什么不同。一切都要以测量数据体现：需要调配（专色）油墨、承印材料以及设备，所有数据都要汇集在一个中央集成颜色数据库内。

有些颜色可以通过分光光度计测出数据后计入系统，有些颜色可能正好属于色域内色彩，但视觉上看起来可能并不准确，这样就需要微调配置文件。但如果是一个专色，就不能在印刷机上出现大的微调失误；如果开始就错了，那么就不要在印前阶段进行微调，而是去颜色配置数据库中进行微调。颜色配置文件一定要准确表达您所需要的色彩；有些颜色不幸在色域之外，这就无法进行准确地复制。

有了色彩管理系统，标签和或包装印刷加工商至少不会浪费时间在设备微调上，特别是无法复制的色彩。色彩管理软件甚至可以进一步告诉你，某个给定的特别色是属于3原色（CMY）色域、4原色（CMYK）色域还是扩展色域油墨，例如惠普HP Indigo公司的Indichrome（CMYK及橙色、紫色和绿色）。

最后一点，可能与颜色相关度不高，就是传统柔印或传统印刷机的性能表现。加工商可能会说"我有一台数字印刷机，印品质量精美"，这很好。但是另一个方面也说明之前的传统柔印、胶印或凹印可能并未达到如此出色的质量。现在，如果突然全部改用数字印刷，印品质量可能与以往不同或者会变得更好。即使加工商尚未准备好，客户可能已经确定这就是他所需要的，并且他不打算支付更多的费用。更有挑战性的是，传统设备印刷的产品可能会跟数字设备印刷产品被并排展示在零售货架上（图8-1）。这些可能都要考虑到；色彩是一回事，印刷机的性能表现是另一回事。

数字印刷　　　　传统柔印、凹版、胶印或
　　　　　　　　　平版印刷

图8-1　传统印刷和数字印刷的产品并排放置在货架上进行颜色对比（图片由Esko友情提供）

8.1 前端数据采集

标签和包装印刷行业的市场压力主要是指订单周期明显变得越来越短。人员、印刷机和辅助设备不变的情况下，印刷商和加工商需要生产的作业量越来越多，而每批次量越来越小，这就更需要引进数字印刷。相应地，也就要求整个作业系统完美协调运作，并将不同生产和工作流程阶段链接起来，包括预算、调度、印前生产、质量控制、装运发货、网上下单、客户打样与审批、以及文件管理等，所有环节都需要文件或数字密钥开放。

良好的MIS订单处理或作业管理模块可以追踪整个作业周期，从订单输入到订单处理再到作业管理，包括如今已集成化的印前、色彩管理、印刷、检测以及加工甚至财务。每个作业件都要走一遍生产流程，企业组织内每个人都可以查看流程进度，管理人员和操作人员无需离开办公桌或工作站就能够看到某个作业的状态、以及该作业在生产周期内的进展。

根据所用系统不同，订单可以从预算添加、从上一次采购订单添加（即重新打印作业）、从面向客户的网络端口（例如FRONTDESK）添加，也可以通过电子数据交换（EDI）系统或手动输入。如果订单是从上一次采购订单或从预算中添加，则无需输入数据密钥。二次下单只需要简单的点击作业复制功能即可快速下单。根据先前指定的技术和商业信息，系统可自动新建印刷作业。自动编定功能，允许相似标签或不同形状的标签在同一版面上拼版印刷。该数据会被传送到印前系统，例如Esko自动引擎，自动执行印前、数字连拷、拼版等操作。

以网络为基础的通信平台上有类似向导功能，引导印刷机买家和客服（加工商客户服务代表）逐步填写项目规范文件，简化作业。设计图稿上传到该合作平台，会自动触发工作流程软件自动部署任务，像文件预检、正确设置边框、解决某些作业的印刷技术问题等。进入系统的设计稿会经过很多自动化程序，甚至在操作员首次接触到印刷作业之前，已为印刷生产准备好了所需数据。

需要注意的是，在印前、甚至在开始设计图稿之前采集完整且高质量的数据，通常比实际印前操作要耗时更多。标签印刷通常还存在其他问题：要获得高清版本的图像、最新核准的配料表、营销口号、营养成分表等。

8.2　印刷沟通

当印前操作人员对设计文件尽力处理妥当，且设计稿已准备好印刷生产后，技术方面可采用应用软件比如"Esko Studio Visualizer"，使数字标签或包装印刷加工商尽可能贴近现实地进行数字化沟通。可能会省略掉一些样品制作，因为很多不同的变化要放在显示屏幕比对查看，以选出最好的用于印刷，通常要求先做模型。这样在印刷生产前，就可能看到每个变体产生的效果。这是确保流程继续向前推进，不至于耽误时间在制作模型或仿制品上的重要办法。

Esko Studio软件携带有合作商提供的承印材料和加工特征文件库，可以省去加工商大量的时间，加工商可以准确呈现印刷效果，以管理客户预期并避免客户受挫。

8.3　在标签印刷前看到店内产品

虚拟现实和增强现实技术使人们可以在虚拟商店的货架上预先浏览产品及其包装。展示更新后的标签设计如何与竞争产品相抗衡，结合眼球追踪技术，记录消费者走过超市货架长廊时，什么包装对消费者有作用、什么没有作用，从而为标签买家和设计师提供宝贵的洞察力参考。

采用"追踪器"和增强现实技术，包装的虚拟模型可以在现实商店环境中进行评估和观测，如图8-2所示。

图8-2　标签设计页面中逼真的3D效果（由Esko友情提供）

8.4 自动化

印前生产自动化与业务自动化相结合是维持数字和传统印刷利润水平的关键。数字化印刷的印前可能更简单，只要使用MIS软件中保存的数据和作业规范信息就可以自动化处理。MIS系统软件可以由企业内部自行研发，也可以采用其他供应商提供的现成MIS软件包，例如LabelTraxx，CERM或EFI Radius。

由于数字印刷大部分被用来处理小批量作业，随之就催生出更多的小订单，以充分利用数字印刷机的生产能力。标签或包装印刷加工商需要处理更多的小订单以及特有的SKU数据，这就意味着要做更多的预算、更多订单输入以及更多行政管理，可能要处理更多的印前生产瓶颈、印前信息复制、更多的产品打样、管理多个版本、保存更多的产品规范书、需要更经济高效的排版和印刷作业提交，以及调节压力等，还要将JDF与数字印刷机前端相整合（图8-3）。

总之，数字印刷机进入印刷厂后，整个印前工艺发生了翻天覆地的变化。印刷商不再专注于分色、制版、补漏白方面，整个管理和生产工艺变成密集的文件处理，比加工商常用的传统印刷要多处理很多设计稿件。方法上的这个重要差别无疑导致很多印刷商在转型数字化时手忙脚乱。很简单，他们根本没未能理解（或准备好）整个新的印前工作流程和相关产量上升之间的根本性转变。

对于所有引入数字印刷技术的标签和包装印刷商来讲，最重要的是生产的自动化以及印前与整个业务系统的融合，以便于能够处理大量的短版订单（图8-4）。同时也能够稳定数字和传统印刷机二者的利润水平。

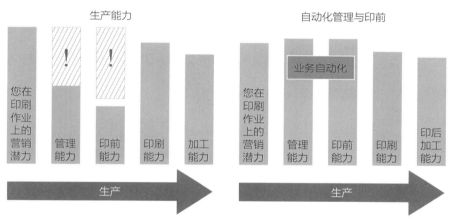

图8-3　数字印刷要求更多的管理和印前能力（图片由Esko友情提供）

图8-4　自动化管理和印前

8.5　柔印还是数字化：推迟决策

欧洲不干胶标签协会（FINAT）近期发布的研究报告表明，大部分拥有一台或多台数字印刷机的标签或包装加工商同时还有几台传统印刷机，这样他们就能够将这种二选一的决策推迟到最后一刻。如果有个客户突然打电话说"我需要更多的量"，你可能还需要迅速地从数字转为传统印刷机，比如柔印。

标签或包装印刷加工商在生产流程的最后时刻能够实现一键转换，这种本领也非常关键。

我们追求的目标应该是满足印刷订单量和生产要求所需，能够在柔印和数字印刷之间轻松切换，保证柔印质量与数字印刷质量相当。不论对于印刷商还是品牌商来讲，能够在传统印刷和数字化印刷之间流畅切换，在关键时刻都是巨大的优势。也再次印证：业务自动化和色彩管理是数字化印刷盈利的关键。

图8-5　标签和包装印刷商能够将当前生产阶段随时从模拟印刷机转到数字印刷机很重要
（图片由Esko友情提供）

8.5.1 对加工商的好处

①所有短版活件用数字印刷可降低印刷成本；

②印刷质量和色彩精准度不打折的情况下，在传统和数字化之间转移活件。

8.5.2 对品牌商的好处

①印刷技术转变但质量和品牌稳定性始终如一；
②更灵活的管理供应链。

8.6 色彩管理——更快更准确

　　要进行色彩管理，加工商必须具备的一个关键条件是其工作流程必须配备一个颜色数据库，其中包含数字印刷机全自动操作所需的全部相关信息。加工商应该清楚明白他们的所需所得。接下来，传统印刷和数字印刷之间唯一的区别就是如何不断的重复既定的工艺方案，但这也可以实现全自动。

　　色彩管理是自动化工作流程不可或缺的一部分。不同印刷工艺之间尽量不要直接复制。例如，如果某图像中含有一个专色，在专色表格里的X值等于CMYK四色混合的颜色值。但实际印刷作业中并不能这么操作。加工商需要超越这些简单的表格。如果加工商做不到这一点，只是简单地复制作业，印刷的图像就不再含有该专色。这个专色不可能会出现在数字印刷机上。但如果印刷作业运行了，那就相当于打开了错误的大门。每个步骤都做两次的话，一致性和稳定性就难以保证了。

　　请记住以下要点：

　　①不应耗费时间在数字作业印前准备阶段；

　　②不要进行文件复制；

　　③选择采用传统印刷还是数字印刷取决于应用场景（该作业是否真的需要用数字印刷机的独特功能来实现）和印刷数量；

　　④不要仓促或过早得做决策，以免造成利润损失。

8.7 减少浪费，增加印单数量，提高利润

实际上，色彩管理并不仅仅关乎色彩，它的主要任务是充分发挥一台数字印刷机的强大功能，将生产工艺标准化，而非只盯着印刷机本身。建立颜色特征数据库，确保印刷机能印至所需颜色值，从而减少印刷机试样和印刷错误。这样就可以减少浪费，延长印刷机运行时间，也可以印刷更多作业并提高利润率。这些听起来很简单，但加工商一定要选对工具。

数字印刷与传统印刷不应该存在太大差别，但它们都面临同样或类似的挑战。其实还是有点区别的，但即使柔印和胶印之间也有不同；数字印刷只是一种不同的印刷工艺，给人们带来不一样的印刷质量。

8.8 短版印刷的生产效率

数字印刷工艺的一个主要优点是它能够将标签和包装中不同印刷订单单量和重复的订单一起或分批处理，以最大程度提高生产效率并充分利用承印材料，如图8-6所示。

作业布局和提交的灵活性、以及卷筒材料横向幅面上拼合不同版本的能力是数字印前的另一个功能，但通常该功能要么没人理解、要么很少用到。然而，对于一个典型的多版本订单，例如卷筒材料宽度330mm（13in）的订单，从经济角度考虑的做法可能是在轴向上印刷不同的SKU版本，从而优化数字生产工艺的印后加工部分。

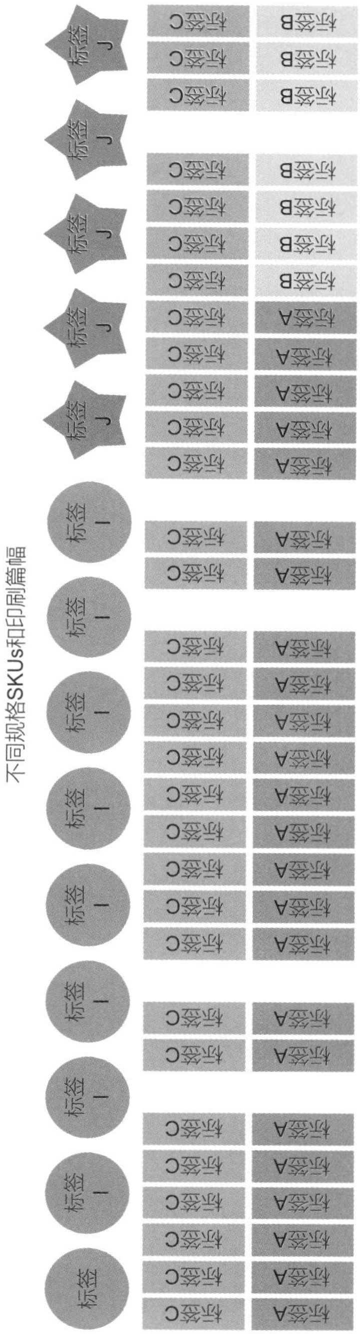

不同规格SKUs和印刷幅幅

图8-6　标签/件批量/作业以最大化提高生产效率并充分利用承印材料（图片由赛康友情提供）

虽然听起来简单，但作业布局功能仍然非常复杂且耗时，特别是每个版本之间印刷数量不同的时候（如图8-6所示）。此时，要实现最佳效果就必须非常小心地操作。然而，这对于大部分加工商来讲还非常生疏，到目前为止他们仍需要将其视为新工作流程的一个步骤。

幸运的是，有许多领先的MIS软件、印前自动化软件开发商以及数字印刷机供应商已经解决了这些问题，并且引入软件工具将印刷纸张或页面拼版自动化，从而变成工作流程软件的一部分，既节约了标签和包装印刷商的作业时间，又避免了可能出现的高额错误成本。对于有些领先的数字化加工商来讲，这些阶段从最初的工作设置就开始了，包括作业规范和文件名称。如果加工商或印刷商想最大化提高生产效率，那么文件名称以及所有的文件规划管理都需要提前定义准确。数字印刷机中还需要输入合适的印刷边框，并且不要忘记印刷控制和套准标记，这些都很重要。

如果想分批印刷不同订单数量和重复订单数量的作业，数字印刷机就不能使用固定的重复长度（这种常见于大部分传统印刷机）。这种常见于喷墨印刷以及赛康印刷机，详见图8-7。

如果该设备与激光模切或印后加工生产线联合使用，则印制产品可一次印刷完成模切、整饰并分切成单种标签成品，从而为多个短版活件提供最大灵活性和生产效率。

图8-7　赛康印刷机在滚筒横向和纵向上印刷不同宽度和长度作业的情况

8.9　数字化——业务拓展

拓展标签和包装印刷商的业务是另一个考量因素。印刷工艺方面，数字印刷机显示出很多新鲜独特的功能。这些独特功能中最重要的一点就是数字印刷机印刷的每一张纸、每一次印刷都可以是不同的、独一无二的。而实际操作中99%的标签加工商购买数字印刷机都是用于短版印刷，如果他们能找到合适的应用领域（以及市场），这种独特功能就能帮助加工商拓展新业务。

数字印刷机已经大批量上市，加工商也已习惯使用。接下来就是推销数字印刷机所能提供的特有的增值产品、组织业务部门（销售和市场）完成可变数据作业、开发可变数据作业的终端应用，以及开发可能对可变数据感兴趣的客户。这样看起来更像是公司业务重组而非单纯地实现软件的几个不同功能。

然而，人们已经研究出许多可变数据解决方案了。实际操作中可能更多。但大部分都是诞生并成长于商业印刷领域，在包装和标签印刷方面倒并不多，究其原因主要有以下几点：

①首先，包装和贴标行业大部分领域采用数字印刷的时间比商业印刷领域要晚一点；

②其次，包装和贴标领域的数字印刷机主要被用来处理短版/小批量活件；

③第三，标签并不是最终产品。它只是半成品，有时候在一些复杂的消费者产品供应链中具有特殊的功能。如果供应链剩余部分没能高效有序地处理个性化或私人化产品，那么可变数据印刷虽然不错，却完全不能发挥其作用。

所以可变数据作业实际上可以归结为几件事情；个性化并没有那么有趣，它其实更多地是指单个条形码、单个编号。关键是要找到可变数据印刷合适的应用场景。

以前一直忽略的一件事情是可以用一个集成的平台处理单个标签中的可变数据。在设计方面有很多脱机应用软件，例如Adobe InDesign、Quark以及其他应用程序。对标签和包装印刷商来讲必备的一款是Adobe Illustrator，包装和标签领域有很多人选择这个平台。所以Esko用Adobe Illustrator开发了一个可变数据解决方案，将Adobe illustrator作为主应用程序，从设计到印刷，可彻底融入到客户工作流程的其他环节中。

一些条形码、二维码以及文本变化的简单示例，详见图8-8。但即便如此，这也算是标签领域一个很特殊的案例了。

图8-8　可变数据印刷示例（由Esko友情提供）

8.10　数字印刷集成在线检测

目前有多款MIS系统、硬件、软件产品可用于检测、检查以及记录质量控制、质量管理和合规性等信息，从印刷检测、颜色、缺陷到条形码等。其中很多已经整合进Esko的自动化引擎和MIS系统。根据客户所需的质量和要求，如今标签和包装印刷商可以找到一种或多种解决方案，很好地解决所有质量问题。只要找出可选方案，然后按要求测试或试用，就能找到最佳方案。

为满足标签和窄幅轮转市场数字印刷的特定要求，以AVT为例，AVT公司的Helios D设备，一款100%全自动印刷检测系统。根据AVT的Helios生产线，Helios D支持数字生产工艺的各个阶段，包括每个标签的扫描、与原稿比对、特定缺陷的识别（比如喷嘴堵塞）、墨斑、颜色变化等。根据公司情况，最终成果是减少浪费、提高生产效率以及全面的过程监测。

AVT的新款连线光谱测量设备，支持几乎所有应用，包括透明柔性材料、纸张、纸板等。SpectraLab II采用紧凑型设计，具有先进的色彩工作流程管理和升级版连线与离线测量修正功能。SpectraLab II还具有增强颜色报告功能，包括在颜色偏离出允许范围时，向第三方报告系统进行实时报警。

AVT系统可以从生产现场提取业务信息，并无缝链接到MIS和印前系统中，从而优化自动化工作流程。

第 9 章

承印材料的选择与
印刷质量

印刷质量和色彩

油墨技术

技术不同，敏感性不同

色彩保证印刷

油墨转移和油墨附着力

印刷质量和色彩一致性

数字标签印刷融合了多种技术，其中包括采用液体墨水、干墨粉技术，以及水性、溶剂型、UV或LED固化液态喷墨油墨等。标签和包装印刷商投资数字印刷设备的难点还包括要了解承印材料的性质，可用于哪些工艺并能够辨别出材料表面是否需要涂布处理。

要了解这些，首先来看两个关键点：油墨转移和油墨附着力，以及印刷质量和色彩一致性。

9.1 油墨转移和附着力

用于数字印刷的油墨和墨粉具有不同的属性和使用要求，因为它们要与不同的环境、不同的工艺相搭配。例如，它们可能需要具有导电性，通过油墨与静电磁场的相互作用形成图像；或者它们可能需要按配方使用，以使油墨顺利通过喷墨打印头上的微小喷嘴。

不同于传统标签印刷的油墨，数字印刷油墨独特的化学成分和物理特性使其需要搭配不同的技术运用，并且在油墨转移和附着力方面会限制能够与之匹配的材料应用范围。与传统标签印刷油墨生产商不同，实际上数字油墨或墨粉生产商最不担心的就是如何让油墨附着在承印物或承印材料表面。

所以数字印刷的第一个挑战就是选择与当前所用技术兼容的承印材料，以优化油墨转移和附着力。

9.2 印刷质量和色彩

随着数字印刷渐渐成为标签行业的主流技术，并且现在已经向包装印刷领域挺进，终端用户对印刷质量的要求越来越高，特别是图像质量和色彩一致性。

有些承印物的表面会出现油墨转移和附着力度不足。数字印刷的优势要求色彩必须以数字形式生成，并且要与彩色印刷工艺相匹配。数码图像以超精细的原色网点打印出来，我们眼睛看到的网点图形会自行合成并将其视为颜色。数字印刷对承印物表面的网点质量要求很高，碎点或者更糟糕的漏点，都会损害图像质量。所以除了具有适度的油墨转移和足够的附着力，承印材料还必须能够表现出最佳的网点质量。

表 9-1　数字印刷技术承印材料的敏感性

技术	数字印刷比例	附着力 / 转移	网点质量
液体墨粉	0 ~ 69%	高度敏感	高度敏感
干墨粉	0 ~ 16%	稍微敏感 （大部分可行，少量不行）	敏感
喷墨	0 ~ 15%	取决于技术水平	高度敏感

注：由艾利丹尼森友情提供

9.3 技术不同，敏感性不同

为充分认识数字印刷的独特要求对承印材料选择方面的影响，我们先看一下标签和包装印刷市场所用的技术概况。上面表格显示了每种数字标签印刷技术所用承印物占据的大概市场份额，重点强调承印物在油墨附着力和网点质量方面对技术的敏感程度。

表9-1所示，**液体墨粉技术目前约占全部数字加工材料的69%**。油墨附着力和转移对承印物高度敏感，网点质量也是。

干墨粉技术约占全部承印物的16%，在印刷和附着力方面对承印物稍微有些敏感。很多承印材料适用该技术，但有一些会出现褪色，例如镀铝纸并不适合干墨粉印刷。网点质量也根据承印材料表现稍有不同。

喷墨技术在过去10年内迅速发展，目前已占据数字印刷材料的15%。油墨附着力和转移取决于具体使用的喷墨技术，可采用溶剂型、水性、丙烯酸或UV油墨。网点质量对承印材料表面高度敏感。

稍后我们会在本章中再详细探讨每种数字印刷技术，目前我们发现：

①承印材料表面常常需要做些改善，以实现数字印刷的最佳性能（至少可接受的程度）；

②表面改善主要是通过使用涂层来实现；

③表面加涂层的好处取决于所用的印刷技术，接下来几页我们会重点讲述。

9.4 液体墨粉技术

如上所述，数字印刷技术能够在一种材料上成功印制的第一要素，是该材料的表面必须接纳油墨，并具有适当的附着力供油墨粘合。熟悉液体墨粉技术的人都明白，绝大部分材料在自然状态下其表面并不具备这些特征，这些材料表面必须经过多次改善，大部分常用方式就是加涂层。

原因在于油墨附着力和液体墨粉印刷的技术原理。要解释这些原理，一图抵万言，详见图9-1所示。该图显示的是艾利公司顶层涂白色OPP的材料横切面，采用惠普HP Indigo黑白电子油墨液体墨粉印刷，并用扫描电子显

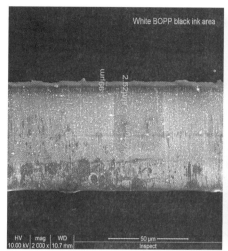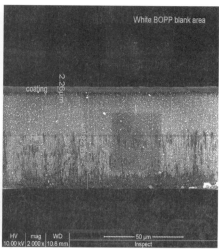

图9–1　液体墨粉印刷的油墨附着力（由艾利丹尼森友情提供）

微镜放大了7000倍。该打印样本的附着力为100%，堪称完美粘合。

接下来，将该样本涂上金属涂层后放在扫描电子显微镜下观察。很不幸，副作用在各层上都显现出来了，从黑色油墨、透明面层到白色薄膜，看起来很不均匀。但很明显两个不同层面之间仍然能够看到尖锐的边界。

需要特别注意的点，在于墨粉和涂布面层的交界处。当样本制备好后，垂直切割薄膜和墨层，使其尽量产生完美的切割面（有时油墨变干后出现碎裂，此时其表面会反射更多的电子，这种情况发生时可以忽略，因为这只是一种制备假象）。切割面非常平整时，边缘就会出现类似刀锋一样的分界线。

比较合理的解释在于粘合的反应机制，从字面讲就是墨粉熔化后附着在表面涂层上并产生有效熔合，墨粉热度几乎达到水的沸点，从而从橡皮布上脱离并敷在承印材料表面软化聚合，软化点的温度与之相同。如果是这种情景，可以从显微镜下放大7000倍的图片中看到熔合细节。两个聚合涂层之间相互渗透，交界处会形成一个毛边。

但从放大图片中我们看到的不止这些，实际上还能看到一个刀锋似的图层，意思是油墨和涂层之间是纯化学的粘合。这就说明承印材料例如纸张，是通过电子油墨包裹每根纤维以达到粘合的。同样也说明即使了解电子油墨本身的化学性，也很少有材料或很少有表面能够实现这种程度的粘合。

要实现最佳粘合，如果材料本身表面不理想，就要将其做成理想的表面。而最简单的办法就是通过表层涂布。

9.5 液体墨粉印刷对涂料的要求

要达到液体墨粉可接受的粘合度，最普遍的做法是做表面处理。这就促使承印材料供应商采用HP Indigo兼容的表面涂布优化其产品。根据惠普公司提供的信息，截止本书撰稿时，市面上有3000多种针对液体墨粉技术优化过的材料。

这些材料在研发设计之初就着重强调表现出良好的油墨附着力，但他们在色彩控制方面表现如何呢？

9.6 色彩控制

谈到色彩控制，即印刷颜色的质量，需要首先提到数字印刷对色彩控制的要求在不断提高。数字印刷已经成为市场主流技术，需要印刷超短印量定制图稿的客户通常会降低对色彩的要求，但大多数承印材料并非被用于这种情况。目前大多数承印材料被用于标签印刷领域，数字标签加工商通常一次就要生产数以万计的商业标签。

这些商业数字印刷标签常常与传统印刷标签同时生产，实际上可能要取代传统印制标签，因为数字化生产效率更高，质量更佳。但取代变成事实的话，传统印刷标签对色彩准确度的要求就会转移到数字化印刷上，同时会要求高质量、精准的色彩再现，特别是Pantones色彩以及棕色，目前这些需求以几何级数增长。

满足数字化印刷的要求比满足传统印刷的要求更难。在传统印刷中，印刷常规颜色、品牌色以及Pantones色时，油墨先在墨盒中混合好，印刷机作业时只需要简单地维持墨层厚度一致即可。而数字化印刷技术，要维持快速换单的能力，色彩就要进行数字化制备。"数字化"的意思是再现色彩的印刷原色。

色彩是由一个透明网点套印在另一个上面形成的。控制这些网点分色的就是色彩管理技术，而优秀的色彩管理软件像Esko软件，如万花筒一样可以精准处理每个分色，最多达7种颜色。

按照设备指令，每个分色版被传送到惠普HP Indigo数字印刷机上，数字指令告诉HP Indigo印刷机如何在印版（PIP）上排列网点并将其转移到橡皮布上。最后一步，网点从橡皮布转移到承印材料上，这一过程通过化学作用，并非色彩管理工艺或印刷机可以控制。现在这已经成为一种物理工艺，并全部取决于涂料的性质以及实际接触打印头的材料表面的性质。

做涂层是为了提供良好的附着力，还是为了使色彩一致、网点均匀稳定？读者可以从样图9-2中找到答案，这两张图片取自同一天同一台印刷机，且印刷条件相同。

左图是白色光滑OPP（定向聚丙烯）材料印刷效果，通过表面涂

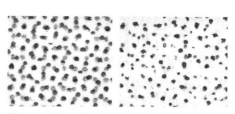

图9-2 液体墨粉印刷的网点质量（由艾利丹尼森友情提供）

层优化获得网点一致性。右侧是一种HP认证材料印刷效果图。这种半光面纸带有数字面涂层，专门做过油墨附着力优化。左右两幅图表现的都是网点如何形成蓝色。品红网点和青色网点相互套印，暗色区域是重叠部分。两图的工艺是完全相同的，针对纸张已做过分色优化，而非塑料。二者由相同的机器印刷，前后相差几个小时。当放大分析后，我们可以看到塑料薄膜上的

网点不论尺寸大小还是形状都很一致，而纸张上印刷的网点却并非如此。

为什么会出现这种情况呢？是因为单纯的光滑塑料薄膜和粗糙纸张表面本身的区别？还是根据暗色质量优化过的涂料化学性能与依油墨附着力优化过的涂料化学性能不同的原因？要回答这个问题的办法就是，只印刷一种颜色的网点。

图9-3中，印刷的是30%网点的青色，使用相同的分色，以及三种不同的承印材料。

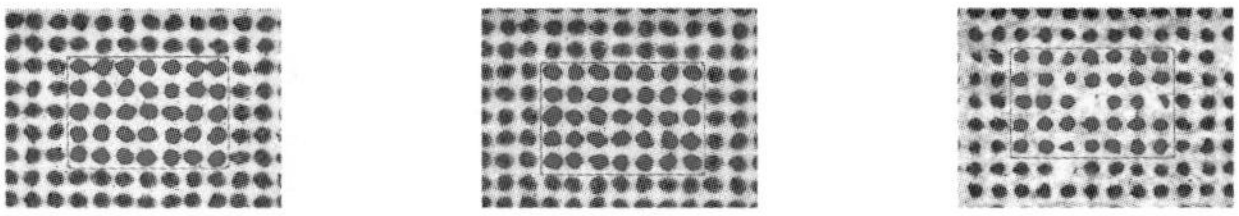

项目	带数字面涂的白色 OPP 材料	带数字面涂的合成纸	带数字面涂的 半光面纸
网点数量	35	35	34
平均面积	0.0075	0.0074	0.0055
标准偏差	6.7%	8.4%	16.7%
总面积	0.2634	0.2618	0.1867

图9-3 采用液体墨粉印刷30%青色网点的示例（由艾利丹尼森友情提供）

左侧图中，网点印刷在光滑的白色OPP薄膜上，表面涂层经过暗色质量优化。中间样本印刷在合成纸上，面层涂料的化学性质与左侧薄膜上的涂料相同，但添加了微粒，使其表面具有与普通纸张相同的粗糙度。右侧图中是带有数字面涂且经过附着力优化的纸张。

样本图下面的表格显示的是相关统计数据。第一个样本统计数据很简单，在0.0075区域范围内印刷35个网点，这表示该图印刷了全部网点。光滑的白色OPP材料上实打实印刷了35个网点；带有黑色质量优化涂层的合成纸上也印刷了35个网点；然而纸张样本上漏掉一个网点，只印刷了34个网点。

再看一下相同条件下网点分布的平均区域，塑料上网点区域比纸张上网点区域大了将近40%，这表明这些面层优化后提高了着色活性。然而实际应用中还要看网点的变化和尺寸。因为印刷最后，色彩管理软件会具体分析每一个网点，如果这些网点是按照色彩管理软件指令印刷的，则色彩是正确的。而如果这种网点与色彩管理软件指令不同，则色彩匹配有误，作业报废。

所以在三幅样本图中，平均区域有一个百分比标准偏差，比如白色带涂层的OPP材料标准偏差是6.7%。简单地来讲就是，偏差浮动的范围就是 ± 3 个标准差。在本次案例中，偏差浮动范围就是 ± 3 × 6.7%，即 ± 20%。

再看一下合成纸，粗糙度影响 ± 20%就成为 ± 25%。而对于涂层经附着力优化的半光面纸来讲，偏差的范围是 ± 50%。由中间调的显著差异可用相关公式推测其他阶调的情况。但如果需要使用原色印刷Pantone色，就需要再现高光部分，有时候需要非常亮的高光，像3%网点。

图9-4显示的是典型的高光印刷，10%网点。所有的设置与之前完全相同，同一天，同一台打印机，相同的作业条件。

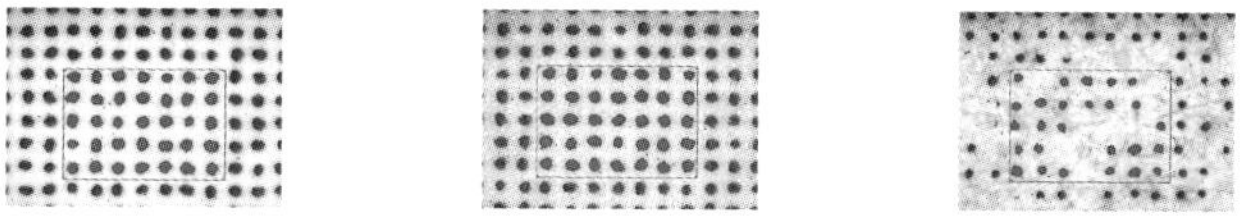

项目	带数字面涂的白色 OPP 材料	带数字面涂的合成纸	带数字面涂的半光面纸
网点数量	35	35	26
平均面积	0.0038	0.0039	0.0022
标准偏差	13.6%	13.1%	24.4%
总面积	0.1342	0.1392	0.0569

图9-4　采用液体墨粉在不同材料上印刷10%网点的示例（由艾利丹尼森友情提供）

样本图显示的是一个是带有暗色质量优化涂层的光滑薄膜材料，一个是暗色质量优化过的合成纸（粗糙表面），还有一个是带有附着力优化涂层的半光面纸。现在应印刷35个网点，薄膜实际印了35个网点，合成纸印了35个网点，而纸张实际只印了26个网点。如果移动一下边框，可以看到有一些边框内是20个网点，有一些是30个网点，而且高光区域差别很大。我们可以看到面涂层的接受度现在几乎是油墨载体的两倍，而纸张的全部偏差范围是 ± 70%。

所以，我们几乎可以得到以下结论：

①所有测试材料在油墨附着力方面表现良好；

②它们在色彩控制方面还远远不能相互替换；

③均匀一致的网点是色彩稳定和一致的前提；

④虽然承印材料表面粗糙度很重要（越光滑越好），但涂料的化学性能和应用技术更重要；

⑤对于预先优化材料的生产商来讲，网点质量要达到更高水平十分困难；

⑥加工商进行的表面涂布添加了新变量，并极大地增加了风险；

⑦在所有测试材料中，经过优化的预涂膜是可控性最好的。

但并非只有涂料的化学性质是重要的。回到图9-1，网点之间相互作用时任何事情都可能发生，在六个分子的薄层内也可能发生化学反应。分子各层间的反应意味着最紧密的接触，这是日常生活中达不到的紧密程度，也是化学特性起作用的前提条件。但紧密接触是如何进行的？答案就在极其均匀、极度一致的涂层中。

9.7 均匀的液体墨粉印刷涂料

不论哪种产品，想要有均匀一致的涂层最佳办法就是采用大规模工业生产工艺，这也是液体墨粉印刷材料的常用方式。但即使是大规模生产，也很难达到色彩高度还原所需要的均匀程度。因此想要在小批量、非规模化生产环境中实现这一目的就非常冒险了。在艾利公司检测通过的所有材料中，预优化膜是稳定性最佳的材料，色彩也最容易控制。对于优化膜，特别是网点控制优化，涂层的稳定性足以使艾利公司为其提供印刷色彩保证。

要了解色彩保证印刷，首先要了解相关工艺：

液体墨粉技术加工商一般采用惠普HP Indigo技术，从设计人员那里接收设计文件并准备印刷，在显示器上判断图稿颜色，这种方法准确度通常很差。经过微调后，数字文件被发送到印刷机，印刷机操作员是生产阶段真正看到数字文件中色彩的第一人。而往往，这个色彩还是不准确的。

　　印刷机操作员会怎么做呢？通常，他们使用印刷机微调功能先尝试调整并补偿色彩不准确的地方。如果印刷机微调还不行（通常不行），操作员会关掉印刷机，将印刷的文件拿给印前制作员。印刷机操作员一般会说"我先暂时停机了，这是印刷出来的颜色，我要的不是这个颜色，烦请处理一下"。然后印前制作人员需要扔掉手头工作，赶紧处理这个作业。之后该作业再度返回到印刷机，由于处理基本上也是盲目的，所以结果可能是准确的色彩，也可能还是不准确。如果色彩仍然不准确，就要再重复这个过程，直至最终色彩调整正确。最终的结果就是印刷机操作员变成了检验员，印刷机是唯一能够看到最终真实色彩的地方。总而言之，校正色彩的过程是一个浪费、不经济且混乱的过程。

9.8　色彩保证印刷

　　液体墨粉的色彩保证印刷优势在于，如果印刷的网点稳定性非常好，则网点和所见色彩之间可以建立非常可靠的关系。在印前初期就可以建立该色彩配置文件关系。由此，无需再等着从印刷机上看到色彩，如今喷墨印刷机上就能看到所有的色彩。喷墨打样机将要印的色彩准确地限制为印刷机能够印刷的颜色。所以打印的色彩不再是设计者要求的颜色，而是印刷机上能够看到的颜色。

　　因此如果色彩不准确，印前制作员可以在常规准备工作之前就进行调整。一旦印前通过了某个校样，则生成该校样的数字化文件和校样、或至少是模拟后的分色，就被直接发送到印刷机。在印刷材料和印刷条件稳定不变的情况下，印刷机只需很小的微调或根本无需微调就能够匹配到校样中的色彩。结果就是：浪费减少、生产力提高、供应商的竞争优势得到加强。

实现这一效果的前提是印刷机的可重复性。墨滴稳定只是印刷机可重复功能的一半因素。另一半因素在于印刷机控制本身及其操作环境，如图9-5所示。

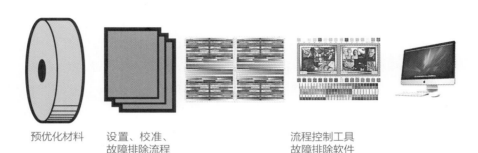

预优化材料　　　设置、校准、　　　　　　　　　　　　　　流程控制工具
　　　　　　　　故障排除流程　　　　　　　　　　　　　　故障排除软件

图9-5　印刷机进行液体墨粉重复印刷的必备条件

总之，只有采用预优化涂料并使用HP Indigo数字印刷机才能保证色彩。以此类推，只有在可控性良好的工业化喷涂工艺中，采用长版大规模工业化印刷设备并将质量纳入产品管理的统计质量控制（SQC）流程，涂布才能得到良好的应用。

干墨粉技术

与液体墨粉技术相比，干墨粉技术最大的优势就是它几乎与各种承印材料都兼容。这就是它在油墨附着力和油墨转移方面（表9-2）只是"稍微敏感"的原因。如今，用于数字标签印刷的16%的承印材料都采用该技术。网点质量也是"稍微敏感"。

表9-2　数字印刷技术承印材料的敏感性（由艾利丹尼森友情提供）

技术	数字印刷份额	附着力/转移	网点质量
干墨粉	～ 16%	稍微敏感	敏感

鉴于此，采用干墨粉技术的承印材料实际上大多数无需做表面涂层处理。然而也有一些例外，比如镀铝纸，因为油墨无法像干墨粉一样迅速地粘

合在金属饰面上，印刷结果就不是那么精准。还有一些材料对温度非常敏感，在烧熔工艺中会直接融化。对于后者，赛康引进其ICE墨粉技术解决了该问题，使一些热敏材料例如PE和热敏纸也能够进行印刷。

要了解干墨粉印刷的网点质量，需要看一下图9-6。该图显示的是两种不同的承印材料，都采用干墨粉印刷技术在上面印刷了微缩文字。一种是表面涂层处理过的白色PP材料，另一种是带有标准面层的半光面纸。两种材料都没有针对干墨粉印刷技术做过优化。

面层处理过的白色PP材料　　　　　　　带标准面层的半光面纸

图9-6　干墨粉印刷技术印制的微缩文字（0.5pt和1.0pt字体）（由艾利丹尼森友情提供）

在PP材料上，印刷密度更高，而纸张材料上，印刷密度有所降低。所以我们可以看出网点密度和颜色深度受承印材料影响。当然，直至现在还没有哪种承印材料做过干墨粉优化，或许很快就会出现。但干墨粉的宽容性使承印材料供应商将其传统产品也销售到干墨粉用户手中。

9.9　喷墨技术

相对于干墨粉技术来讲，虽然喷墨仍然被视为一种新兴技术，但近年来它的发展和进步已经非常迅速。喷墨印刷是一种综合技术，它包含多种方案：溶剂型喷墨印刷、水性墨水印刷以及UV喷墨印刷。虽然喷墨技术已经广泛应用到标签行业之外，但喷墨供应商仍花费了很长一段时间才实现标签加工商要求的印刷速度、印刷质量以及应用领域方面的有机结合。这也是喷墨技术仍然被视为标签行业新兴技术的原因。

图9-7中展示了喷墨印刷技术色彩准确性的几个重点。两张样本图由同一台喷墨打样机在相同的印刷条件下印刷。

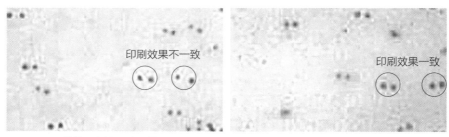

带第三方处理涂层的纸　　　　　　　　　　HP特级速干高光铜版纸

图9-7　本图由艾利丹尼森友情提供

第一张图显示的是带第三方处理涂层的纸，但尚未做喷墨印刷优化。第二张图显示的是惠普特级速干高光铜版纸印刷效果。

我们可以看到网点质量有明显的区别。在带第三方涂层的纸上，印刷效果明显不一致；网点尺寸彼此稍有区别。而在优化过的纸张上，印刷质量均匀一致。再次强调，两张样品采用相同的墨水、相同的印刷机，只是用不同的纸张印制。当采用HP特级纸印刷时，色彩准确性翻倍，印刷效果明显不同。

喷墨印刷技术还有很多潜力可挖掘，不论是墨水供应商，还是更有代表性的OEM印刷商和打印头供应商，三者都在尽力优化喷墨印刷方案。承印材料供应商也在努力地提高材料质量，使其适用于喷墨印刷技术甚至适用于具体某款或某品牌喷墨印刷机。这几方面的联合努力使得UV喷墨印刷机近年来可选用的承印材料范围更加广泛。

9.9.1　UV 喷墨——（几乎）无需特殊涂层处理

设备生产商会告诉你，UV喷墨技术是喷墨技术中的例外，因为它无需做特殊涂层处理。不论加工商采用BOPP、乙烯材料、PP或任何类型的合成材料印刷，大部分情况下都不需要做特殊的涂层处理。例如Jetrion声称他们大部分3000和4000系列UV喷墨用户在其喷墨设备上使用与柔印机相同的承印材料。的确，同时拥有UV喷墨印刷机和柔版印刷机的客户，如果大部分情况下都能使用相同的承印材料，则可获益良多，因为柔性版印刷表面涂层可用于大部分的UV喷墨印刷。

但仍有一些承印材料可能需要做特殊的面层处理。一种是高光泽纸，因为表面太光滑需要控制墨水扩散；另一种是无涂层纸，UV喷墨可提供良好的油墨附着性，但图像质量可能并不那么令人满意。有些涂布纸也存在这种情况，因此标签加工商更喜欢特殊面层处理过的材料。

总体来讲，UV喷墨印刷材料的选择与控制网点扩散和图像质量有关，与油墨附着力无关。一般情况下，喷墨印刷机供应商拿到客户的印刷样本，他们会先拿到实验室检测材料表面能，如果是高于44，供应商就知道客户不会遇到任何印刷问题；任何常规的UV喷墨印刷都适用，墨层良好、附着性良好。如果材料表面能量低于44，则需要做预处理，例如电晕、火焰处理或热处理。

为了使呈色剂在承印材料表面更好地喷涂，材料表面能非常重要。如果预处理解决了表面能低的问题，油墨附着力会很好，稳定性也会很出色。不论是标签印刷材料，还是制作塑料盖的高密度聚乙烯等材料，采用喷墨印刷或UV油墨的话，像耐磨性等问题都不再是个问题。

对于UV喷墨印刷来讲，或许还需要看一下不同表面能的材料固化时间如何变化。例如，在满版墨量的情况下以最高速度印刷时就必须配有一盏功率足够的固化灯，因为有些承印材料上墨水扩散得比其他材料慢。当然固化灯可移动的话更有用，因为加工商可以改变灯照时间并加强扩散。

9.9.2 喷墨印刷的特殊效果

喷墨技术最有趣的一点在于，它是世上唯一的非接触式印刷技术，可以在不均匀、经凹凸压印或难以印刷的表面进行印刷，例如有些标签加工商在标签上预先进行压凹凸，然后在压凹凸的图案上面再喷印一个彩色图像，营造一种特殊的包装效果。标签缠绕在瓶身上时，即形成真实的3D效果。

也有加工商在压凹凸材料表面再喷印的，还有些加工商采用喷墨印刷出纹理，形成感官3D效果。UV喷墨还被用于给传统预印标签局部上光，有些公司例如德国大西洋蔡瑟公司（Atlantic Zeiser），还发布了Braillejet盲人喷墨印刷机，可一次通过连线印刷白色盲文点。其他方面，Braillejet印刷机与该公司在售的其他一次通过喷墨印刷机相差无二。

不易印刷的表面，例如常用于标签印刷的特定品级的特卫强纸（Tyvek），也可以采用喷墨方式完美印制，因为打印头无需接触承印材料表面。传统印刷通常做不到，因为印刷机墨辊要么离得太远，否则容易造成油墨污渍；要么放得太高或只能接触到材料较高的地方。所以喷墨印刷在不少领域都很受欢迎。

9.9.3 水性喷墨印刷

以上我们宽泛地谈了一下数字UV喷墨印刷，目前UV喷墨技术已经是最受标签加工商们欢迎的喷墨印刷方案。但也有其他喷墨技术用于标签印刷，比较值得关注的就是水性喷墨印刷。

水性喷墨技术广泛用于按需印刷，该类印刷机主要安装在终端用户厂内。但近年来，有些标签加工商也开始采用该技术处理短版作业需求。

就承印材料选择方面，水性喷墨技术对材料的选择要求有些独特。不像UV喷墨印刷，柔印常用的普通材料是不能使用的。这是因为水性喷墨，从字面看即可得知其含水量很高，这就要求承印材料表面要有一层非常厚的涂层，便于油墨均匀分散。

基于这一点，材料供应商为水性喷墨印刷研发了一系列的专用耗材。例如，艾利丹尼森公司拥有30多款常规的水性喷墨优化产品，可用于水性喷墨印刷。

9.9.4　建议喷墨协作研究

如前所述，喷墨技术如今仍然是标签行业的新兴技术。它有很多潜力可挖，但材料供应商们还没有积累足够的经验并提供建议。喷墨印刷适用的大部分承印材料均可用于水性喷墨，但承印材料仍面临挑战，有待进一步研究。

很多喷墨研究人员也一直在试验和测评自己的材料组合，不论材料有没有预处理涂层。多方协作可加速该研究进展，喷墨公司间举办的协作论坛以及业内商讨确定的通用检测标准将使整个标签加工行业受益。

9.10　内部自行涂布面层

目前，部分标签加工商选择自己给薄膜材料涂布面层。问题在于：这些内部自行涂布的薄膜材料和材料供应商优化的薄膜材料有何区别？

自己给材料加涂层的加工商通常能得到满意的油墨附着力，但是内部自行涂布工艺通常会造成一定程度的质量不稳。这主要是长版印刷换单、涂布设备的质量与类型以及用来涂布面层的工艺控制质量问题。

另外，加工商使用的材料面层都已做过油墨附着力优化。但我们也看到了，油墨附着力不代表一切，因为网点质量和一致性也要考虑在内，而内部自行涂布更容易出现网点质量以及一致性的差异。这些不稳定因素会导致终端用户的不满，而且自行涂布的材料一旦出现印刷问题，很难落实问题的根源所在。有些材料供应商的产品带有专利涂层，针对附着力、网点质量和面层涂布一致性等做过优化，以达到三者之间的平衡。

内部自行涂布材料的难点在于，一旦出现印刷问题，不好追踪问题根源。而质量不稳定是每个终端用户都难以接受的问题。

9.11 色彩保证印刷

色彩保证印刷概念的兴起，将人们对于网点稳定性和色彩一致性的要求提升到一个新的水平。例如，HP数字印刷机所用的预优化涂层，可保证印刷色彩。通过可控性良好的工业涂布工艺，可以达到最佳的印刷效果，例如像艾利丹尼森公司的做法。

9.12 走出标签业

除了不干胶标签行业，数字印刷技术的扩展能力主要集中在近年来的重大发展和研究方面，正如所有窄幅轮转印刷和印后加工技术所经历的那样。

表 9-3 数字印刷承印物用法指南

项目	液体墨粉	干墨粉	UV 喷墨
表面涂层	+	−	−
软包装	+	+ / −	+
收缩套标	+	×	+
纸盒和吊牌	+	+	+

惠普Indigo和赛康印刷机已经在窄幅卷筒折叠纸盒生产方面开发出越来越多的应用，而惠普Indigo印刷机还广泛用于收缩套标、小袋包装等方面。

惠普Indigo和赛康的新型大幅面卷筒印刷机主要针对折叠纸盒领域，而惠普Indigo大幅面卷筒和单张纸数字印刷机主要定位于纸板以及软包装领域。

这种市场聚焦无疑促使承印材料品种更加多样化，标签和包装印刷商可用的材料也越来越多。

而纳米图像单张纸及卷筒纸印刷机的发布主要针对印刷包装市场，当然对承印材料供应商、印刷机生产商以及印刷商也带来更多的挑战。

9.13 结论

数字印刷技术的高速发展促进了数字印刷标签加工材料的演进和发展。选择数字印刷技术之前，标签印刷商需要考虑：

①每一种数字印刷技术可使用哪些纸张、薄膜或其他承印材料？

②打算使用的承印材料是否需要做特殊的表面涂层，以达到最佳的油墨附着力、印刷质量以及色彩一致性？

③这种表面涂层如何涂布？是企业内部自行涂布还是采用供应商提供的经优化的预涂承印材料？

④企业内部自行涂布面层的话，存在哪些潜在的问题？采用经供应商优化的预涂材料，则有哪些实用性？

仔细斟酌考虑这些方面会帮助标签加工商以更坚定的步伐走进数字印刷世界，并实现最优效果和印刷性能。

第 10 章

标签和包装印刷企业的数字化工艺流程管理

提高生产效率

加大市场推广力度

改变销售人员的角色和销售方式

"框架"概念

投资新技术技能

投资信息管理系统

为什么要投资引进数字印刷？

自20世纪90年代中期世界第一台数字印刷设备在标签行业装机以来，全球标签印刷业已安装了4500多台数字印刷机，其中大部分安装在已拥有传统柔印、凸版印刷、丝印、胶印工艺的加工厂，也有些企业将这些工艺融合并形成了更高级的多工艺（组合）生产线。

那么，标签加工商以及近年越来越多的包装印刷公司能够从数字化设备投资中得到什么呢？他们为什么决定引进数字化设备？这种投资是否物有所值？他们曾面临哪些困难和挑战？数字化是否改变了企业原有运营模式？人事调动、员工培训以及再培训有何影响？销售和市场方面受到的冲击有哪些？

采访过这些企业后，我们总结了几个促使他们第一时间决定安装数字印刷机的关键原因或常见优点，主要是：

①为了顺应市场变化、技术及生产需求和客户要求；

②为了降低成本并提高边际效益，从而使小批量印刷更具竞争力、收益更高；

③为了更有创意并为客户提供新的增值方案和机遇，比如个性化、序列编号或编码；

④拓展加工商业务能力，为客户提供更高水平的服务和解决方案。

最开始主要是设备投资，以提供小批量短版作业、多版本和可变数据；偶尔也用于印前准备，让客户提前看到标签和包装的样子（正式作业时转为传统印刷）。它还使加工商具有了技术融合能力，将传统印刷与数字印刷相结合，如柔版/数字印刷与冷/热烫工艺相结合。

企业投资的不仅仅是数字印刷设备，还涉及其他印刷技术、生产和管理环节。它拓展了加工商的能力，并为客户提供更高水平的服务，从库存量减少到上市时间缩短、准时制生产以及瞬时重复作业。它使印刷解决方案范围得以扩大，印刷技术也更加多样化。简而言之，它使印刷商能够更好地满足客户不断变换的市场需求。

分析近年来的市场发展趋势，很快就能发现很多亮点，有时甚至引人瞩目；市场变化已经对品牌商和零售巨头产生影响，进而影响着他们的标签和包装供应商。以全球化为例，全球化使品牌商和零售群体产生了更多需求，比如：

①不同语言版本；

②更多民族版本和国家版本；

③更多库存量单位（SKUs）。

这些发展对其品牌的市场运作影响颇大，还影响到其指定、管理及购买标签和包装的方式，并从根本上改变了他们在供应链、管理、生产以及信息链等方面的压力（图10-1）。

图10-1　显示品牌商全球化要面临的重要挑战

从印刷商角度看，品牌商的业务日益复杂化，使得其市场、销售及生产流程在运营和管理上也日益复杂，同时待处理和管理的信息量也越来越庞大。

从标签和包装印刷商的角度看，其客户全球化后对印刷商的影响主要有：

①联络及信息反馈更耗时；

②管理决策增多；

③设计和色彩变化增多；

④色彩管理增加；

⑤设计创意增多；

⑥工艺复杂性提高；

⑦客户联络增加。

因此购买数字印刷机常常成为成功开创数字业务的第一步。印前部门也需要加大投资，比如更先进的信息管理系统（MIS），以及更完善、更先进的无缝数字化工作流程，从而：

①提高生产效率；

②减少出错；

③工作流程和产量更快捷更精准；

④反应更快速；

⑤减少整体费用开支和浪费；

⑥加强信息管理；

⑦客户信息更全面。

无缝对接的工作流程及其对客户需求的满足成为公司销售卖点之一。从启用之初就给公司带来一种全新的工作方式。引进数字化后更是改变了人们的思维思路。

当加工商提到数字印刷业务时，经常表达的一个重要信息就是"公司转型到数字化后，你要谋定而后动，不断反思业务如何开展"。

毋庸置疑，传统标签或包装印刷企业引进数字印刷后的确带来一些挑战和机遇。数字印刷无论是对销售方式、市场营销、设计创意、印前和色彩管理、印刷作业优选传统工艺还是数字工艺、以及企业员工的接受度、培训及技巧等方面都有着不小的影响。

这些都是数字印刷投资和规划要考虑的地方，可以纳入工作流程，作为投资流程管理的环节。工作流程构成建议，详见图10-2。这也是各业务部门运作的基础，包括销售、生产、印前、市场营销、人力资源等。因此，我们建议以该流程图样为基础，详细看一下各环节构成。

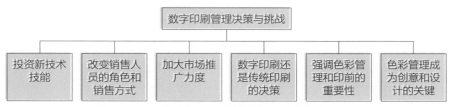

图10-2　投资数字印刷的挑战与机遇——业务反思

10.1　投资新技术技能

投资数字印刷设备不只是购买一台印刷机，它还包括引进新技术，为印刷企业增加新功能，这点更多地是在IT方面。进入数字印刷领域的加工商和印刷商需要更多的新人，能够进行数字化运营的人，更年轻、能快速接受新技术的人。数字化涉及的不只是技术更新，它是一种全新的企业文化。

一台数字化印刷机可能每天需要完成15、20、30个或更多的作业任务，其中生产质量就非常关键了。由于交货期非常短，所以不可能允许屡次犯错。操作数字化设备或者说数字印刷操作比操作传统印刷机需要更多的技能。

正如前面第八章所讲述，数字印刷实际上应划归到印前部门，即由印前管理而非传统印刷车间管理。但这两种管理人员仍然很重要。数字化需要引进更多新人，但传统印刷技术人才也有需求，因为印后加工单元的操作也需要在丝印、柔印、上光、热烫、压凹凸、压痕等方面有丰富经验的人才，当然具体取决于企业的核心市场和应用领域。

投资组合印刷机可能带来更多挑战。将传统柔印/丝印和数字印刷都集中到一条生产线，通常会非常复杂；加工操作可能包括冷/热烫、压凹凸、起膜/再覆膜等。这种情况下，柔印机操作员需要再培训数字印刷技能。

10.2　改变销售人员的角色和销售方式

就销售人员来讲，安装数字印刷机的加工商常常使用原有销售人员，特别是他们试图开拓新客户之初。为什么呢？因为原有销售人员对客户需求更了解：这是您要的产品、您要的数量；这是我们对您标签整饰方案的理解；是不干胶标签，还是膜内标签？是采用套标、小袋包装还是纸盒材料？只有了解这些，才能选出最合适的印刷工艺——采用数字技术还是传统工艺。那么，怎样才能成功销售数字化产品？我们简单总结了一个更有利地销售数字印刷产品的快速指南，详见表10-1。

表 10-1　更有利地销售数字化标签和包装的指南

更有利地销售数字印刷标签和包装的关键
了解客户需求
提供更好的数字解决方案
以增值服务为销售卖点
勿以价格竞争做卖点
拓展新的业务商机
站在更高更广的视角说话，不止着眼于价格
直达品牌商和市场营销——而非标签和包装买家

从战略角度看，采用数字化目的是为了给客户提供更好的解决方案，不论是小型企业、中型公司还是大品牌商。实际上数字印刷在各个层面都很吃得开。以大品牌为例，它们不仅有较小的构成元素，还有直达其客户特定需求的营销要求。因此数字印刷解决方案在市场各个细分层面都占有一席之地。需要记住的一点是：数字化不仅用于销售印样、设计原型以及超短印单，实际上它在更广阔的市场领域已崭露头角。

对销售团队来讲，销售数字化产品不要着眼于价格战，应尝试以服务为卖点，因为销售员以价格取胜的话，很容易拉低数字化产品的价格，反应在订单上就是少了几百美金或欧元。如果加工商或销售人员售价太低，则数字印刷可能无利可图。应保持高价，但以服务和附加值优势为卖点。告诉客户数字印刷交货周期更短，出品更快。尽量避免可能导致数字印刷标签或包装进入价格战的可能。

数字印刷推广之初可能会遇到各种挑战，销售团队会发现同样的付出和努力，传统印制标签或包装可以售出100万元，而数字化印刷标签或包装只能售出1000元，如果不论印量多少、销售提成比例都一样的话，在提成和佣金方面差异非常明显。因此，销售人员要拿到同样的报酬就需要投入更多的精力。

有些加工商通过聘用数字产品经理来解决这一问题，不是通过销售而是通过开发新的数字业务从而促进数字销售，尤其是传统和数字技术相结合以形成新的增值利润点。

有一点需要明白，就是数字印刷功能是很多加工商开发新客户的关键途径，尤其是大客户。他们经常通过数字化创建新客户，然后通过客户合作拿到更大的传统印刷订单，销售团队也可以因此挣到他们梦寐以求的提成。加工商和销售团队的目的都是整体销售（打包销售）。

数字加工商成功的关键在于，他们应尽量避免与印刷采购的沟通拖得很晚。在可能的情况下，尽量直达品牌商/营销人员；直达那些期待他们为其产品提供某些服务以及某些增值点的人。如果加工商正好面对的是采购人员，那就要看你能做到多低的价格，你能在多短的时间内交货？

数字印刷商应该将话题放在更宽更长远的层面上，例如：

①数字化如何帮助客户减少或消除库存量；

②数字化如何缩短新产品发布的上市时间；

③数字化如何提供准时制生产（JIT）；

④数字化如何提供即时作业重复印刷；

⑤数字化如何保障色彩认证打样；

⑥数字化如何提供精确套准；

⑦数字化如何降低供应链整体成本。

印刷商也应该问一下他们的客户，在推销他们的产品时产生哪些成本费用或出现哪些问题。加工商如何利用这些需求将现有产品更轻松或更容易地销售出去？是否可以增加附加值，例如：

①个性化；

②大规模定制；

③限量版；

④新促销机会；

⑤唯一码或序列码；

⑥可变设计和图像；

⑦验证功能；

⑧3D视觉效果。

其实印刷品的价格起到的作用有限，真正起作用的是客户能从装饰性标签或包装对他们产品的推广与促销中受益多少，最理想的是帮助客户增加其附加值和盈利性。

最开始，销售人员常常不愿意主动推销数字产品，但当他们明白其中所含商机、明白不应以价格竞争而应以增值服务来销售数字产品时，他们就比对手更具有竞争优势。加入服务元素使加工商采用数字印刷比采用传统印刷的盈利性更好。当然还需要反复强调的一点是，很多标签加工商其实同时具有传统和数字印刷能力。

10.3 加大市场推广力度

听一下成功的数字标签与包装印刷加工商的故事，你会发现市场推广在他们的成功中所占比重越来越大：采用直邮方式抵达特定的垂直市场；确定某个特定市场的需求；远离狂轰滥炸的电话销售以及耗时的市场集中销售。他们大部分将重心从销售模式转变成营销模式。

分析数字标签和包装印刷加工商所得效益和商机时，还应强调行政管理、工作流程以及各种吸引品牌商的印刷优势，包括成本效益、生产效益、环境可持续发展、市场营销、品牌保障及物流追踪等，详见图10-3。

这就意味着印刷业务重心从生产功能转变为与客户合作更好地管理与优化其供应链、库存管理、产品发布、产品更新换代及多样化、上市时间等。数字化在其中具有重要作用。

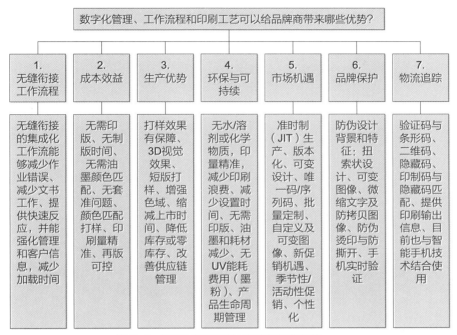

图10-3　数字标签加工给品牌商带来的优势

　　采用并推广这种方法，加工商将看到越来越多的客户涌向他们，向他们寻求协助，解决自身问题。潜在客户从加工商处收到有用信息，这些有用信息又促使潜在客户想要与之联系。应尽量向顾客宣传其所能提供的服务和附加值优势以及竞争优势。

　　互联网在数字销售方面也很重要。通过互联网技术和功能，加工商会惊喜地发现有很多人、很多潜在客户都需要数字印刷标签。

　　更多的市场营销和应用信息详见第11章。

10.4 数字印刷还是传统印刷——印刷商如何决策？

对于已经拥有传统印刷机而又刚刚接触数字标签印刷的印刷商来讲，最大挑战为订单是采用传统印刷还是数字印刷？何时采用传统印刷以及何时采用数字印刷？如何做出决策？

这个决策过程的关键因素包括：两种技术的成本报价、采集比较数据、清楚两种工艺盈利交叉点、了解处理数字订单的真实成本以及简化行政管理流程。这些关键因素详见图10-4，稍后章节会详细阐述。

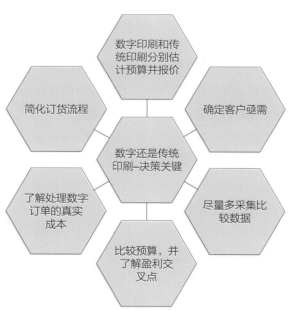

图10-4 采用数字印刷还是传统印刷的关键决策因素

　　显然，商业成功的关键在于标签和包装印刷商应该能够对传统印刷机和数字印刷机运行分别进行预算估计和报价；每种工艺都能进行精确地成本比较，并在决策时提供数据参考。

　　随着近年来数字印刷机的上市与大规模使用，不论是静电成像和喷墨印刷机，还是用于特定类型作业和应用领域的数字/传统组合印刷机，标签和包装印刷无疑变得越来越复杂。自然，标签印刷商也越来越迫切地需要从传统和数字印刷两方面评估预算一个订单的成本，从订单数量和盈利性方面计算出最佳平衡点。

　　每个新的订单，都是从预算阶段输入数据开始，进入后续阶段包括订单处理、生产排期、库存控制及采购、订单成本核算及会计，尽量无缝衔接，无需密钥更新或附加数据输入等，详见图10-5。

图10-5　预算是流线型无缝MIS工作流程的起点

　　目前很多加工商都采用信息管理系统（MIS）帮助他们确定"什么更适合客户？"。他们一般采用传统印刷给订单做报价，如有要求也会做其他印刷工艺包括数字印刷的报价或成本核算，然后选定最合适的印刷工艺。实际上一般是生产或销售团队来决定哪种印刷工艺是最可行，以及是否权衡过所有可能以便为客户制定了最好的方案？

　　如前所述，拥有数字设备的加工商基本都经历过由销售团队单方面决定是采用传统印刷还是数字印刷的过程，但前提也是在对每种工艺做过价格比较之后做的决策。

　　所以最重要的是公司内需要有一个拥有决策权的负责人。他们拥有的比较信息越多，做出的决策越明智。有趣的是，一旦客户体验过数字印刷后，他们一般就再也不愿回到传统印刷了。

　　至于信息管理系统软件包，例如Label Traxx、Radius或CERM，加工商可以在其数字设备上新建一个报价，然后复制报价并用于传统印刷机，甚至可以更改印刷机、更改印刷材料、更改颜色数量，只要两台设备不同，数据均可改动。比较两种预算报价找出交叉点，也就是采用传统印刷还是数字印刷的性价比更好或利润更高的最佳平衡点。

数字印刷经常被忽略的一点是处理订单的实际成本。向数字化工作流程转变的目的一般是为了处理数量更多（很可能）的低价印单。实际上在大部分企业内，工厂处理一个订单的管理成本是固定的，包括订单报价费用、处理订单费用、材料下单费用等，通常都是非常固定的支出。但如果加工商总是需要处理大批量的低价订单，就会增加行政管理方面的开支。

因此需要尽量简化行政管理流程。加工商需要尝试并尽量降低数字工作流程中作业管理费用。例如，可以将LabelTraxx数字存储前端添加到印刷商网站上，其客户可以登陆网站并要求提供实时的数字化报价；也可以集成到LabelTraxx信息化管理系统中。数据集存储后，客户就可以在线下单采购数字产品，也可以选择上传其设计图稿到专门的FTP网站上。

如今，打算投资数字标签与包装印刷的加工商甚至可以与部分MIS供应商合作运营一些方案，在制定投资决策前找出传统印刷和数字印刷之间的损益平衡点。

10.5 印前和工作流程自动化越来越重要

很多首次采购数字印刷机的标签和包装印刷公司可能已经拥有一套印前系统了，例如Esko系统。因此，很多公司想要知道用于传统印刷的这套设备和工艺是否同样可用于数字印刷。另外，数字印刷中印前有什么作用？

印刷商/加工商投资数字化的原因之一是他们想要业务多元化。他们想要处理更短的订单、能够提供组合解决方案、扩大产品经营范围、避免只做单纯的商品交易。那么，印前和传统及数字印刷操作的结合点在哪里呢？简单地讲，印前在很多方面可以降低整个工艺的成本。

以组合工作流程为例，其复杂程度相当高。因此加工商必须尽力避免操作员犯错误的风险。馅印出错、功能用错或多重粘贴用错，都会导致图文错误。虽然可以用打样校正，但这些都会促使产成品的间接成本增加，从而导致边际利润损失。因此在数字化领域，印前对于控制成本和保障生产效率助益良多。

如果印刷商/加工商的传统印刷设备已经有一套Esko系统，并且已经准备好启动数字化操作，接下来他需要做的就是尽量提高工作流程的自动化程度，最好是无缝接入的工作流程，详见图10-6。

图10-6　无缝工作流程框架图

一套无缝接入的全集成数字工作流程取消了印版和制版步骤，印品数量更精准，从而使印刷浪费最小化，避免了墨色匹配，无需套准或不用设备停机即可完成瞬间换单，提供了更大的生产灵活性，尤其是面对多版本、多变体或多种语言转换的情况，这种工作流程更有帮助。

工作流程自动化技术始终在发展和进步，该领域也催发了更多的利益点。当然谈及订单延迟、用传统还是数字化技术印刷、采用哪种数字方式、哪种印刷机，自动化的确是降低操作员失误风险的重要因素。

如想全面了解现代信息管理系统（MIS），请参考标签学院出版的书籍《信息管理系统与工作流程自动化》（*Management Information Systems and Workflow Automation*）。

10.6 色彩管理成为创意和设计的关键因素

客户或设计师提供的创意或设计图稿对数字印刷来讲是非常关键、不重要、还是对分辨率和印刷质量来讲没区别呢？

不是的，实际上设计师在创建图像时总是想把工作做得尽量完美，他们常常用上百种Pantone色彩来设计（有些色彩可能根本无法印刷出来）。这就要用到数字印前，数字印前的整体理念就是为了优化设计图稿从而将其用于量产。因此某种程度上来讲，不是说数字印前用不用没什么区别。

数字印刷机，从其定义就可以看出印刷机的油墨组合是固定的。它不像柔印机，油墨浓度或色彩可以由印刷机操作员来调整。所以从某种程度上讲，色彩管理在数字化领域比其在传统印刷领域的作用更重要。因为，假如加工商需要再现一个特定的蓝色，他怎么知道数字印刷机能够正确打印出他所需要的色彩呢？在柔印机或胶印机上，操作工可以将特定的油墨加入印刷机，而在数字领域，加工商不得不使用其他的、更为聪明的办法。色彩应该在输入印刷机之前就确定好。这一点我们之前在第8章中已经详细阐述过。

要知道，数字化设备本身自带校准系统，一个非常有用且简单的配置文件，便于客户的图像文件精准印制（图10-7）。色彩匹配也达到最佳，远优

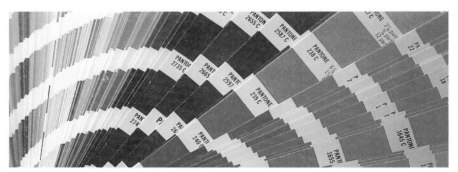

图10-7　数字化是一个校准系统，它能使标签或包装上某个或某些色彩在作业抵达印刷设备前
（即在印前阶段）就确定好（插图由Esko友情提供）

于加工商传统印刷设备所达到的效果。数字标签与包装印刷系统的设计和印前的作用有：

①将色彩匹配艺术转变成色彩匹配技术；

②快速、精准且稳定地实现色彩目标；

③减少印刷机色彩匹配的浪费与耗时；

④引进色彩管理工作流程，在保证色彩稳定的同时实现换机操作；

⑤提供喷墨打样，达成色彩目标。

如今，有些标签加工商或印刷商仍然在数字印刷机上打样，因为他们觉得只能这么做。目前的确只有这一种办法，除非加工商有合适的软件完成打样。所以，真正出路应该是让数码打样脱离印刷机。

另外，印刷商/加工商还可以向客户提供一种服务，即把打样设备放置到客户公司，允许客户在自己办公室内自行判断4种或7种颜色油墨印刷各自的优势。加工商这么做的原因在于，他知道打样设备呈现出的效果即印刷机印刷出的效果（图10-8）。

客户可以自行决定：这样做值得还是不值得？我是否愿意支付额外的费用？

最后，有几个Esko印前工具带自动报告创建功能，诸如单件生产的详细信息、客户详情以及是采用4种颜色还是7种等信息自动填补到报告中。所有信息都可以自动生成报告，加工商再无需耗时设置。整体工作水平得以提升。

实际上，数字印刷商/加工商会

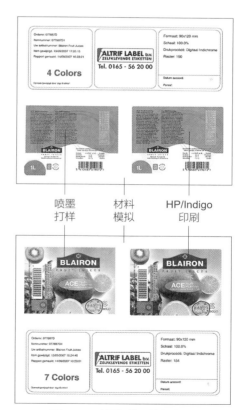

图10-8　喷墨打样和数字（HP Indigo）印刷对比图（由Esko友情提供）

惊讶于如今自动化操作取代手动操作的程度，以及其降低错误、自动运行、平衡色彩一致性和加工商前端（数字产前系统）能够最大化利用其数字印刷机投资的程度——这才是其最根本及全部意义之所在。

需要提醒的是，有些大型数字标签与包装印刷商平均每天可生产并交货150~200个不同的任务版本。也就是说，每天150~200个设计订单进来，那么，印前部门连轴转起来能够处理这个工作量吗？

理想的情况是，数字印刷商应教会每位客户按照最符合印前操作要求的方式提交设计图稿，不止是pdf格式，因为所有印刷厂应该都能印制，而且是对双方来讲性价比最高、且印刷效果最佳的方式。

10.7 投资信息管理系统（MIS）

管理一家成功的数字标签或包装印刷厂，肯定需要创建、采集并处理大量的信息，需要更好地与客户沟通、更快地获取信息、更聪明地展开工作，需要维持从成本预算到订单处理的一致性，以及最关键的节约时间和成本，获取更高利润。

这就促使很多数字标签与包装印刷企业重新审视并安装或升级他们的信息管理系统。这一点本章前面已经提到过。

的确，当我们回顾数字标签与包装印刷存在的问题时会发现，行政管理成本通常在整体成本开支中占很大比例。因此为了维持（乃至提高）企业盈利性，必须集中精力简化行政管理流程，降低成本费用。否则一旦遇到大批量订单，以下方面就会出现瓶颈，包括：

①成本预算；

②订单输入；

③印前及生产。

接下来让我们具体看一下这些瓶颈区。

预算瓶颈——预算方面的瓶颈可能由以下因素造成：多台印刷机换单生产；通过研究新的市场和应用领域决定印刷任务用哪台印刷机或如何生产以获得最高利润；以及决定如何进行预算——以在线方式还是通过预算软件等。

订单处理瓶颈——在订单输入和处理过程中很多地方会产生瓶颈，这些地方包括：多版本和库存量单位（SKUs）管理、快速输入重新运行项目、管理新产品审批，而上述问题都发生在各种产品存储规范制定以及与生产沟通期间。

印前及生产瓶颈——印前方面的瓶颈可能会发生在以下节点：确定印刷机性价比最高的拼版时；管理仓库中的数字底涂或无底涂库存时；识别带数字涂层的卷料时；印刷订单提交到印刷机时；处理HP Indigo印刷机的"框架（frame）"概念；或者在印前处理时复制信息。生产方面的瓶颈主要是由于频繁更换印刷材料和数字印刷机的设置造成的。

10.8 结论

正如我们在本章开篇之初提到的，"公司的数字化转型，让标签商或包装加工商多了一个重新回顾反思如何更好地做生意的机会。"数字印刷的确给业务管理及运营方式带来了变化，也要求决策人作出改变，从而提高行政管理自动化水平，强化销售和市场功能。

只要能够正确对待，您的业务必定会更上一层楼，企业也会获得更高的利润。

第 11 章
数字印刷市场与应用

制定市场战略

思考利润

市场趋势与高价值增长

食品标签

数字印刷的市场优势

印刷订单印量引领数字标签印刷

数字印刷的早期应用可追溯到20世纪70年代，最初的喷墨印刷设备主要用来印刷保质期以及流水线上的产品货号。剑桥咨询公司为ICI开发喷墨印刷在纺织行业的潜在应用也做过一些研究。

20世纪80年代，刚刚起步的喷墨印刷行业迎来一个新的重要市场应用，彼时欧盟建议在欧洲立法，要求易变质食品必须标注"最佳食用期限"。该信息需要直接打印在食品包装上，采用喷墨印刷是较合适的方法，它可以在常见材料表面快速印刷，且不产生接触和按压，不会损坏包装材料及内容物。另外，喷墨技术还开发了地址标签打印以及信封地址打印等应用。

同时，采用激光、离子沉积以及电子束技术的数字黑白墨粉印刷机被广泛用于文件和标签印刷。与常见印刷机不同，这些新型数字印刷机没有手柄、没有齿轮、没有油墨槽。它们几乎是全密封的，只用一台电脑显示器来控制；它们可以在很短时间内印刷质量非常高的产品。如今，它们又整合了通信网络，可以从全球任何地方发送和接收数据，还具有可视化图像，客户可以提前看到标签或图像印制后的效果。

到20世纪80年代中期，黑白数字墨粉印刷机已经被广泛用于标签、门票以及吊牌的生产和印刷。全美邮递服务都采用这种设备来印刷邮件袋标签；它还可以在标签上印刷可变数据、文本、编码、日期以及其他信息，主要以商业形态为主。但当时标签加工商还没意识到只打印黑色可变信息是一个非常重要的市场。

后来到了20世纪90年代早期，特别是1995年德鲁巴印刷展上，按需印刷彩色数字标签印刷机的出世改变了标签加工商对这一新技术的认知。1996年第一批数字液体墨粉及干墨粉印刷机安装到全球各个标签加工厂。如今全球装机量已超过4500台，服务于世界各地的标签、包装印刷以及各类加工厂。多年来各种统计数据表明，彩色数字打印标签的市场量在以每年30%～40%的速度增长（虽然基数还不大）。相比较而言，传统印刷标签每年全球增长速度才约为4%。

那么促使诸多加工商引进并持续投资该技术的彩色数字标签以包装印刷市场发展趋势如何？有哪些市场优势以及市场应用呢？促使数字印刷在软包装和折叠纸盒市场产生类似利益和增长的因素有哪些？

11.1 市场趋势与高价值增长

数字标签与包装印刷市场定期会发布一些研究报告，主要来自InfoTrends、Smithers Pira、Finat/LPC、IT Strategies以及《标签与贴标》咨询公司等机构。虽然他们在具体内容（标签、软包装、纸盒、瓦楞纸箱、容器等）、终端市场属性、市场整体规模以及长期研究方向上有一些差别，但他们毋庸置疑地得出的一致结论就是：数字印刷将继续保持高水平增长。

Smithers Pira最新研究报告预计，至2019年全球数字印刷市场规模将达到1390亿美元，而接下来10年直至2029年，数字印刷将增长65%，市场规模预计将达到2500亿美元。

在欧洲，Finat/LPC研究报告预测了数字标签印刷的价值增长情况，至2020年，静电成像（墨粉）印刷年复合增长率将达到9.2%，喷墨印刷年复合增长率将达到12.5%。InfoTrend认为标签在价值增长方面年复合增长率已接近14%。这些数据与传统标签印刷的价值增长相比，差额不超过2~3个百分点。

不难发现，数字印刷如今在标签行业已经占有举足轻重的地位并将保持继续增长势态，且在软包装、折叠纸盒以及瓦楞纸箱领域还将有新的增长机遇，而容器上直接数字印刷在未来也具有很大潜力。

当然，传统印刷在标签和包装印刷行业仍然具有非常重要的作用，但接下来5年内至少可以看出数字印刷机每年装机量将与传统印刷机几乎持平。那么这种持续增长可达到什么水平？数字印刷又有哪些市场优势呢？

11.2 数字印刷的市场优势

根据《标签与贴标》咨询公司针对品牌商和重要终端用户所做的市场调研，可以发现采用数字印刷在供应链方面的主要原因在于数字化技术的速度和响应能力。

从图11-1可以看到，它可以降低库存，实现按需发货，具有促进销售、大规模定制以及小批量印刷等功能。

针对品牌商供应链需求优化所做的类似研究分析，也可以得出一个关键因素列表：

①减少库存；

②加速货物流通；

③加快需求响应；

④减少整体成本；

⑤差异化。

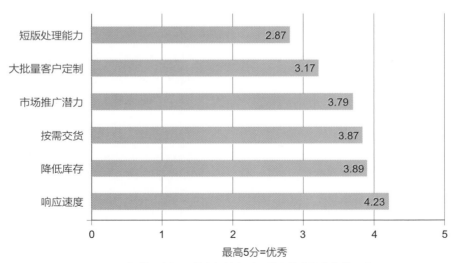

最高5分=优秀

图11-1　标签用户采用数字标签印刷后供应链获得优势的评分

总的来讲，促使品牌商转向彩色数字标签和包装印刷主要有两大市场驱动因素：一个是品牌商对目标市场营销（定制化、个性化、差异化、特别款及限量版）的注重，另一个是其对精益生产的重点强调（降低库存、按需发货、响应速度）。

这些因素集合起来影响着品牌商，使他们购买包装和标签时下单更频繁、订单数量更小，且这种状态还将持续。而这种状态也造成印刷订单的单量变小，传统（柔印）加工商的各订单平均数量也减少。

反过来看，这也导致小批量印刷订单大幅增长，而彩色数字标签印刷机比传统印刷机在这方面印刷效率更高。

除了目标市场和短版印刷这些主流趋势外，第三个重要的市场趋势是环境保护、可持续发展以及减少浪费。这个趋势不如其他因素的影响力大，但相比传统工艺它更倾向于数字印刷，因为数字印刷可以有效减少浪费并可节省整体成本。

如果让标签加工商将促使他们购买或考虑投资彩色按需印刷数字标签印刷机的各个市场因素按照重要程度进行分类，会发现市场和投资决策稍有差异，但产生的结论是一样的，只是表现形式稍有不同。如图11-2所示，该数据研究由FINAT、InfoTrends和《标签与标贴》公司联合发布。从图中可以看出，优质产品标签短版印刷增长需求，被标示为"非常重要"。

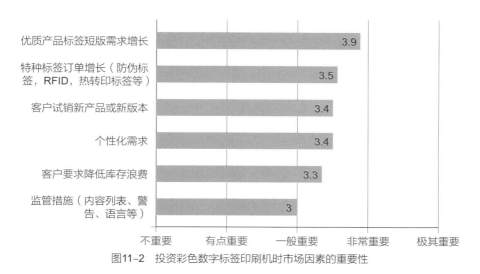

图11-2　投资彩色数字标签印刷机时市场因素的重要性

11.3 思考利润

所有数字标签印刷的营销重点都是让客户不要只关注所产标签的产量、忘记每个标签的成本，并提醒客户去思考"每个印刷订单带来的利润"。要关注服务、独特性以及使用传统印刷技术无法高性价比地完成作业带来的附加值。

数字印刷标签订单的整体市场价值比印刷成本单项在整体市场份额中所占比例更高，在欧洲这个比例已超过10%，在全球整体市场中占比稍低，大概有8%。

毫无疑问，不论是标签还是包装印刷，数字印刷销售和营销的其中一个关键是要专注于数字技术带给品牌商、零售商以及工业制造企业的附加值优势。

这些优势表现在各个方面，并能够为客户打造一个无缝衔接的集成数字工作流程，是创造商机和形成客户优势的关键因素之一。这些优势和机遇详见表11-1。

表 11-1　数字印刷客户的生产和市场优势

数字印刷附加值生产机遇	数字印刷附加值市场机遇
降低客户库存量	大批量定制
准时制生产	版本化
色彩保证打样	自定义及可变图像
精确套准	身份验证及防伪
即时作业重复印刷	多品种
短版打样	唯一码与序列码
降低库存	平时与季节性促销机会

　　正是这些优势和机遇，构成了数字印刷畅销业内的重要基础，包括构建无缝衔接的工作流程、成本效益、生产优势、市场机遇、品牌保障、物流跟踪与追溯功能等各方面。这些优势汇总在图11-3的流程图中。

　　品牌商或许并没想到具体如何降低库存、销售更多产品（以更高的价格）、提升企业形象、缩短新产品上市时间等；如果客户对数字化带给他们的助益更感兴趣，那么价格就成为整体销售和市场组合中不那么重要的因素。

　　标签和包装业的数字印刷商需要明白，数字化能够为终端用户市场和应用提供哪些好处或优势。接下来我们先从标签开始，标签方面有大量的历史数据可以进行分析。

图11-3　数字标签加工给品牌商带来的优势

11.4 数字印刷标签的终端用户市场

生产和供应链方面的优势有益于哪些重要的终端用户市场？哪些市场因素经证明对投资数字标签印刷非常关键？甚至，标签行业数字印刷的主要市场应用数字化管理、工作流程以及印刷工艺给品牌商带来哪些优势？领域有哪些？当你采访拥有数字印刷机的标签加工商时，他们大部分提及一下主要应用领域：

①食品——全行业适用；

②健康和美容/化妆品；

③酒水饮料；

④医药；

⑤家居清洁/耐用消费品；

⑥工业化学原料及产品。

仔细看一下这些领域会发现他们平均的印刷订单印量都面临缩短的趋势，特别是健康、美容和化妆品市场，印量缩小高达30%。显然数字印刷对于这些市场领域的标签买家更具有吸引力。

当然这个列表并未面面俱到，但就目前来讲，这些应用领域在列表上列明的数字印刷应用领域中已经占主导地位。同时这些也是HP Indigo和其他年度标签大奖赛参赛的主要领域，世界各地都有不少数字印刷标签的优秀获奖案例。这些领域的相对重要性详见图11-4，该数据基于数字标签加工商近几年的市场反馈统计得出。当然，每个加工商都不只服务于一个市场领域。

还有各种市场量较小的领域，例如计算机、外围设备及日用品、油及石油制品、汽车、白色家电、家用养护产品以及其他零售和消费性电子产品。然而这些小市场对数字印刷标签整体应用组合来讲也很重要，是新款喷墨印刷机以及泡罩包装、铝箔包装印刷增长最快的几个市场领域。随着喷墨印刷机装机量持续增长，似乎可以肯定数字化这一应用组合仍将大幅上涨，墨粉

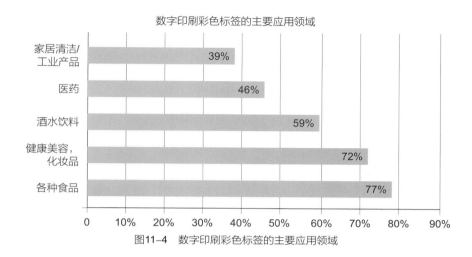

图11-4　数字印刷彩色标签的主要应用领域

技术与喷墨技术将与传统印刷机互为补充。

　　在研究主要市场应用领域时，了解数字印刷以及各种加工要求所适用的领域和方式非常重要。接下来我们简要地看几个主要的终端应用市场，并具体分析几个优秀案例。

11.4.1　食品标签

　　从图11-4列表中可以看出，各种食品标签是数字印刷标签的主要代表市场之一。其中主要是不干胶标签，偶尔也有一些湿胶标签或模内标签，食品的多样化对加工商提出了多样化的标签种类和款式的要求，是数字印刷的理想对象。食品领域向来具有多样化和多变性的特征，且大部分标签印刷都有四、五种颜色（偶尔会更多）外加光油处理。目前墨粉技术和喷墨印刷技术在该领域应用都很广（图11-5）。

　　要求更高加网目数和更复杂花样装饰的高端食品品牌商，可能需要采用墨粉印刷；而耐储藏食品的标签采用UV喷印油墨并覆以光油更佳。部分工艺需要遵守油墨低迁移标准以及食品规范要求。

案例研究–食品标签

标签生产商以前采用柔印标签，现在改采用Durst RSC喷墨打印机在透明PE材料印刷BOL外卖食品标签。利用包装容器的透明度，设计要求在生产加工中能够灵活改变设计图案而不造成交货延时或产生大量的额外成本。

图11–5　Durst RSC数字标签印刷机印制的食品标签

缩短交货期、增加促销可能、金属材料印刷等是左右数字印刷进入该市场领域的常见因素。

11.4.2　酒水及饮料

酒类标签已被证实是数字印刷标签应用非常成功的领域（图11–6、图11–7）。从惠普和赛康墨粉印刷机、喷墨印刷机以及组合印刷机成功印制的诸多获奖案例，可以发现大部分获奖机型的印刷订单量在5000张、3000张、15000张、7000张、2000张和8×1000张标签，高达18个版本、7种颜色。这些都是数字印刷的理想机型。

尤其对于小型酒厂来说，与传统印刷例如柔印相比，数字印刷的标签质量已经是相当高了。承印材料类型和范围也是多种多样，包括仿古、金属、亚麻纹装饰、哑光、高光、蛋壳纸等。

但需要注意的是，很大一部分数字印刷的酒标需要采用热烫和/或压凹凸以及上光处理（图11–6），因此投资时需要注意印后加工选项和技术。新型组合印刷机也被认为非常适合加工某些复杂的酒水标签。序列编号标签似乎应用也非常广泛（图11–7）。

案例研究–酒标

上述获奖酒标由Gallus Labelfire混合印刷机一次走纸（one-pass）印制完成。首先采用冷烫，然后上七种数字色彩，再柔版上光，最后局部浮雕效果上光完成整个标签加工。

图11-6　Gallus Labelfire混合印刷机印制的酒标

案例研究–酒标

上述获奖的限量版杜松子酒酒标由Amberley Labels采用惠普Indigo数字印刷机印制而成。这款高端酒标要求尽量贴近原图，而原图是绘制在帆布上的油画。这些标签都印有序列编号，以彰显产品的罕有和珍贵。

图11-7　HP Indigo数字印刷机印制的带有序列编号的限量版酒标

品牌保护和防伪功能，包括宣传产品排他性的序列编号，在一些高端酒水市场也非常重要，这就不得不再次提到最新款数字和组合印刷机，具有提供复杂或创意性解决方案，以及特殊限量版或珍藏版产品的潜力。

11.4.3　健康与美容／化妆品

如同酒水饮料，健康美容和化妆品领域也经常需要数字印刷短版标签订单，需要多种或成套设计款式和版本，需要卓越的印刷质量，需要使用各种纸张、薄膜和金属印刷材料，并经常用到热烫和/或压凹凸技术。金属油墨印刷也日益普及。

除了标签，很多加工商将其高质量的数字印刷业务扩展到软包装和折叠纸盒领域（图11-8），使其客户可

案例研究–软包装

Nosco采用惠普HP Indigo 20000数字印刷机走进软包装细分市场，包括重复密封和儿童防护包/袋、条形包装以及新品试用包等。

图11-8　Nosco采用惠普HP Indigo 20000数字印刷机印制的软包装案例

以通过各种平台实现印刷质量的稳定性和精准的色彩匹配。

不论哪个市场领域，能够一次印刷不同的图稿都是一种非常有用的促销手段。印刷材料无限制，颜色更是高达7种。亮光或亚光油也经常用到，还偶尔用于透明薄膜覆膜。能够再现肤色、细网点以及复杂渐变色对墨粉印刷非常有利，而UV喷墨能够印刷亮面图案并具有环保的特点，使其得以开拓出属于自己的市场机遇。

11.4.4 医药

医药市场用了很长的时间才接受数字印刷，旨在应对各种安全和易读性标准和要求，使所有印制内容包括微缩文字100%得以验证。现在这块市场领域已经成为数字印刷的主要用户，标签融合了RFID标签和批量序列编号、连续编号、二维码以及品牌保护等各种特征。但是在投资数字化设备印刷医药标签时，仍然需要慎重考虑印后加工技术。

客户经常提出一些要求促使加工商不得不采用数字化设备印刷标签；比如要求在同一印刷批次中生产小批量、多款式设计的标签；需要以不同语言包括中文印刷精细图文，也成为医药领域采用数字印刷的重要因素。

11.4.5 家居清洁和工业产品

同样，因家居清洁和工业产品的标签本身具有短版、多版本、不同设计款式以及不同的承印材料（包括合成材料和金属材料）的特征，该领域也为数字印刷带来巨大的市场潜力。目前，家居和工业产品标签主要采用4、5种印刷颜色，最高可能达7种颜色，且经常要求表面上光油处理，偶尔要求覆膜以提供保护功能和扩展功能。

由于喷墨技术能够在各种性能的承印材料上印刷，并通过了美国UL认证，这些市场广泛认可的优势使喷墨印刷被越来越广泛地应用于耐用品、家居、工业品以及汽车标签。

UV喷墨为这些市场领域带来高度不透明色印刷功能，并具有很高的环境耐久性。

11.5 印刷订单印量引领数字标签印刷

几乎可以肯定，彩色数字印刷得以迅猛增长的关键原因是传统模拟印刷机印刷订单印量的持续下降，尤其在健康与美容、耐用消费品以及工业化工市场领域，近年来订单平均印量下降了24%～35%。实际上这三大领域的平均印量已下降到3000m（延米）以下。

虽然新款柔印机采用伺服驱动并具有快速切换功能，且在相当小的订单印量上已取得突破性进展，但结果发现它仍然很难与最新款数字印刷机相竞争。目前，订单印量在5万张，甚至更多印量时，数字印刷机最为经济实用，从而使它们比传统标签印刷机更具竞争优势。

近年来，各种机构都在研究数字印刷机和传统印刷机的标签订单印量。其中最新的一项研究表明，数字印刷机约65%的标签作业印数都在10000以下；按传统看法，单个订单印量也被视为数字印刷的主要特征。

但是研究还发现，95%的四色数字标签印刷订单印数都在50000以下。这一研究结果是基于惠普和赛康上一代数字印刷机的作业数据且往前截至2009年，被认为是数字印刷的主要目标印数市场。

今天，新款数字墨粉和喷墨标签印刷机更多地将目标投向印数50000以上的领域。因此，从传统标签印刷作业的类似研究中可以看到，传统卷筒标签印刷机上约60%的作业实际印数都在25000以下——这是最小目标市场，而大部分数字标签印刷设备已将其最新系列机型的目标转向该领域。

实际上，传统印刷机上超过70%的印刷标签印数都在5万以下，而这也在加工商们研究新款数字印刷机的目标范围内。

这并不是说传统标签印刷机70%的现有作业量即将转移到数字印刷机，因为很多印数低于50000的标签作业目前仍然无法采用数字印刷机完成：比如说需要采用金属油墨印刷的很多订单，仍然需要采用传统技术完成。当然组合印刷机也可以解决这一问题。

还有一些订单需要结合不同印刷工艺来实现其效果；有些墨层较厚的图案仍需要丝网印刷技术来完成。但是，传统印刷机上很大一部分现有订单可以转移到数字印刷机，当然现在还可以转移到组合印刷机上。

总而言之，最新款数字印刷机比以前速度更快、适用范围更广。很多机型更是让数字印刷与传统印刷机的功能越来越接近，而组合印刷机将传统和数字工艺融合在一条生产线上。

数字印刷机在印刷速度、印刷幅面、生产性能以及组合选件方面的持续发展和进步，使其与传统印刷之间的差距越来越小。这些因素加之印刷订单的印数仍在持续缩减，毫无疑问使数字印刷在未来拥有更多的应用领域、市场和订单量。

11.6 数字化在品牌保护和防伪方面的机遇

假冒品、仿制品以及盗版品等都是用来描述未经品牌商允许就复制生产并销售到全球各地的商品，这是个全球性问题。全球每年因为伪造、制假而损失近14亿美元的收益，相当于全球贸易量的7%～8%。据称如果这一数据接近全球贸易量的10%，则会动摇全球经济。

另外，由于假冒伪造，全球每年约有20万人失业，换而言之，如果不销售正版产品，则不需要雇用那么多员工。而且全球每年因使用假冒伪劣产品而死或伤的人成百上千，尤其是使用伪造药或假药，不但没起到治病作用反而会加重病情。此外还有假冒医疗产品、伪造汽车部件（例如使用两三次后内衬断裂或出现磨损）；假药或假洗衣粉则会导致皮肤问题或甚至皮肤炎。

因此，假冒伪劣产品已经是当今社会非常严重的问题，尤其在医药和高端市场。以下是最容易出现仿冒伪劣产品的市场领域：

①香水和化妆品；

②香烟及烟草制品；

③医药；

④服装和鞋类；

⑤酒水；

⑥运动服装、运动鞋以及运动产品；

⑦光盘：CD、DVD等；

⑧纺织品；

⑨电脑计算机设备及配件；

⑩汽车及航空部件；

⑪时尚饰品；

⑫玩具；

⑬电子产品；

⑭化学品；

⑮游戏与商业软件；

⑯医疗设备及器材。

可以说，只要出现在市场上，并具有一定价值的产品，就会被伪造。

这些货品到底是怎么伪造的？有哪些现实问题？他们是怎么骗过生产商的？其实很简单，而且方法也多种多样，详见表11-2。

表 11-2　伪造品是如何骗过生产商和客户的

伪造品是如何骗过正品生产商和买家或普通大众的？
整个产品包括包装和标签全部仿造
仅仿造包装和标签，将残次品或过期品重新包装并充作合格品
假冒伪劣品重复利用正品包装 / 标签

续表

伪造品是如何骗过正品生产商和买家或普通大众的？
未授权使用相似外观，或给假货注册相似名字的商标
伪造产权或销售文件，包括合格证
伪造支付票据，例如支票、信用卡

那么，在标签行业，特别是数字标签印刷商，如何帮助品牌商识别正品、减少假冒伪劣、加强品牌保护，并尽量减少产品被盗或窜货呢？

可以参考以下办法：

①在任何可能的地方，建立打假威慑、产品认证并采用品牌保护技术，从最初的标签和包装设计开始；

②结合多种不同技术，提供最有效的整体方案；

③如可能，使每个标签/包装唯一化；

④经常更改所用方案，走在仿造品前面。

相比采用常规印刷技术的传统标签印刷机，数字标签印刷最有趣的特征是它可以提供各种可感知利益，并印刷具有品牌保护和防伪功能的标签。这些利益包括：

①唯一码或顺序编码；

②防伪功能；

③随机码或序列码；

④个性化；

⑤结合全息技术；

⑥自定义和可变图像；

⑦可变设计。

我们现在研究的是一种全新元素，加工商开始关注数字印刷如何为他们带来其他印刷技术或防伪技术所不具备的、或比采用其他技术更好的产品和服务，能够极大地提高标签安全性，使其不容易被仿冒，进而更容易进行鉴别或跟踪的产品和服务。与客户沟通时，应思考相比其他防伪技术，数字印刷和印后加工所带来的商业机遇和市场潜力。

　　建议标签加工商及其品牌商客户不仅要想到优质标签、精美图片采用数字打印，更要想到众多品牌保护和防伪方案都可采用数字技术增值、验证，并提供更高层次的服务以及商品追溯。数字化可以实现标签业很多前所未有的事情。新方案成本不再昂贵，且加工商可以添加或融合以增强其防伪功能。

　　结果就是，数字标签加工商将标签印刷变得订单量小且又印制复杂，再仿制对犯罪分子来讲已经无利可图。

　　多层防伪是个很好的概念，因为可以通过简单地添加数字印刷、可变更logo、荧光油墨（比如每个月更改标签颜色）以及某种安全日期码，加工商就可以用相对便宜的价格拥有非常安全的标签。

　　油墨技术也能为客户提供各种安全方案，比如标记油墨、防伪油墨、荧光油墨、隐形油墨等。通过各种创意，或采用数字技术结合承印材料，又或结合特殊的整饰技术，加工商们就能够创建独特的品牌保护，形成标签/产品的差异化和安全性。

　　但是，数字标签加工商也要明白，如果客户根本不知道这些新的品牌保护方式和防伪技术可以通过数字印刷实现，他们就不会提出这些需求。因此，标签加工商还需要积极推广并引导他们在这些方面的意识。

11.7　制定市场战略

　　在决定购买数字印刷和印后加工设备，或引进组合生产线，进入数字标签印刷市场之前，标签加工商必须要有明确的市场或营销策略。他们需要明确：他们处于哪些行业领域，想进入或涉及哪些领域；他们拥有的传统印刷机目前能够实现的最小印刷订单印量，以及他们即将采购的数字印刷机想要达到的目标订单单量；他们想拥有哪些销售和市场优势；以及他们是否想提供品牌保护和防伪方案等。

当标签加工商问"我应该买一台数字印刷机吗"，他首先需要思考的是："我想用它来做什么?""它是否能更好地服务于我的客户?""我如何去推广它?""它是否能带来利润?"……